貓咪情緒行為說明書

井本史夫・監修　加藤由子・著

前言

經常聽到有養貓的飼主問到「好像都不太尿尿耶，沒問題嗎？」「狂喝水耶，沒問題嗎？」提問的內容五花八門，但都有一個共通點，那就是最後一句都會說「沒問題嗎？」我想這就是飼主最真實的心情。其實，他們也就是想說『雖然很擔心，但不希望是生病了。有誰能跟我說「沒問題的」，好讓我放心』。

我能理解不希望是生病了的這一句「沒問題嗎？」的心情有多心痛，但也很有可能引起無法挽回的情況。飼主們都具有守護貓咪健康的能力，更千萬不可以放棄這能力。

即便如此，若飼主沒能及時發現你家的寵物「跟平常不一樣」，那麼治療之路可就相當漫長了。因此，為了及時發現「跟平常不一樣」，平常就需要多觀察寵物的身體和行動。（P003）提問的飼主們都有做到這兩項。卻還是要以「沒問題嗎？」來問個心安。但是這可不行啊，請往正確的下一步邁進。

因為我沒親眼見到那隻貓，就算問我「沒問題嗎？」也真的無從說起。所以，日後若有發現任何讓你感到不安的狀況時，請先翻開這本書。便可從他們的動作發現身、心的異狀，也能知道該如何處理。而那些不需要擔心的一舉一動，就當作是了解貓咪的資訊來源，請安心地閱讀吧！

希望本書能幫助大家往正確的下一步邁進的指南，發現明確的病狀並在與動物醫院溝通時的最佳輔助書，同時也希望有助於您了解貓這種生物。

加藤由子

盯著牆壁上的某個點看，不知道到底在看什麼？

貓咪看得到人類看不到的東西嗎？

有時三更半夜，貓會盯著牆壁上的某個點看，可是主人卻什麼也沒看到。「是在看什麼啊？」一貓的視線好像在追著什麼跑一樣，咻咻咻地動來動去。可是主人卻什麼也沒看到，以為貓可以看到靈的想法也不足為奇。

大多數養貓的人都有這樣的經驗，不過，就目前來說，是真的不知道貓是在看什麼。而比較能確定的是，愛貓人士對於這種狀

況已經見怪不怪，而且樂在其中。

但還是有人會好奇，貓到底在看什麼？真的是人類看不到，但貓看得到的靈嗎？若真如此，應該就是喜歡貓的靈了。

但大家知道嗎？貓的眼睛是無法對焦的，或許是在看剛好對到飄在空中的一小粒灰塵的焦，而緊盯著吧。無論是什麼樣的情況，至今都尚未有研究學者出來說明，就開心地當作是一個永遠的謎吧！

沒問題！

眾所週知的貓的不可思議現象
但「他」是什麼，永遠是個謎……

好像在追著什麼跑似地，視線一直動，很嚇人。

即使是靈，也是喜歡貓的靈…應該是～

老愛坐在洗好的衣服或是鍵盤上面，是有什麼不滿嗎？

總是在我專注做某件事的時候來妨礙我

坐在我正在看的雜誌上面害我不能看，不然就是坐在我準備要折的衣服上面害我不能折，這些情形都有進入「貓星人二三事」的前十名。雖然內心吶喊著「不要來妨礙我啦！？」，不過我想樂在其中的人應該不少。

可是，貓並沒有想要妨礙任何事。因為貓不識字，所以他們不會覺得主人「正在看」雜誌。也就不認為坐在雜誌上會妨礙到主人。再說，也只有主人覺得衣服沒折就是沒有把家裡整理好，在貓的眼裡那都不算什麼。所以完全沒有一絲妨礙的念頭。

貓只不過想蹭在主人身邊放鬆一下而已。當忙得團團轉的飼主一坐下動也不動時，貓就認為「機會來了！」而跑到主人面前佔位子了。這就是飼主覺得「妨礙」到我做事的原因了。

那麼該如何應對這樣的情形呢？答案只有一個，那就是一起享受放鬆時刻。

沒問題！

沒有想要妨礙，只是想蹭在身邊一起放鬆而已！

你現在為什麼在這裡

對凡事都要一起的貓來說，
一動也不動的飼主是最佳目標。

為什麼要坐在我折好的衣服上？

只要出現在他眼前，就會來妨礙我

用力嚎叫，整間屋子都聽得到響亮的叫聲

毫不吝嗇地給予膽怯的貓滿滿的愛

表示貓會邊在家裡走來走去邊大聲地鳴叫的飼主越來越多。也有飼主說那聲音就像山羊般地低沈且渾濁。

如果是11歲以上的老貓，就要懷疑是不是患了失智症。

或許是因為貓不知道自己身在何處，且感到強烈的不安才一直鳴叫。不過，這情形持續下去的話，飼主也會受不了的。

如果老貓出現這樣的症狀，請不要遲疑，立刻帶去看獸醫來進行診斷。

最近，有對失智症比較有效的保健食品（來自米糠的阿魏酸等），也有服用它能較安定的例子。

請找對貓的行動療法和失智症治療較專業的獸醫師或動物醫院診察。

此外，也不要忘了每天為他們梳毛、溫柔地撫摸、跟他們聊天，這對膽怯的貓能達到安心的效果，請用滿滿的愛對待他們。

Please
看診

疑似患了失智症，
請溫柔地對待，好讓貓兒們能安心地生活。

貓也跟人類一樣。
如果活得久，也是會患失智症的。

絕對不可以抓著頭強餵藥。
貓都把自己當作王子或是公主，
所以，最好的藥就是珍惜他們。

不停地用腳搔下巴，在家具上磨磨蹭蹭！

臉左右轉，像是癢癢的訊號

貓常出現的皮膚問題之一就是下巴下方長一粒一粒的東西。這是青春痘的一種，也會長在尾巴的根部。

依貓的種類或是顏色，也可能不容易發現，所以，平時就要養成仔細檢查全身的習慣。

皮脂、髒污堆積在毛細孔裡或是皮脂腺的分泌過多，原因五花八門，例如，不常清洗貓用的食器導致細菌繁殖、飲食方面的過敏、壓力引起的等等。

首先，要注意貓身邊的環境，隨時保持乾淨、留意飲食、不要給他們壓力。初期，先去看醫生，擦藥膏、服用抗生素、用抗脂漏性洗髮精等，便能得改善。飯後也可用溫熱的濕毛巾擦擦下巴。若是放著不理，就會引起發炎導致皮膚潰爛，一開始就治療很重要。

此外，皮膚真菌感染，像是癬菌會引起斑塊狀的皮膚病變，可能會伴有掉毛、皮屑和瘙癢等等的情況發生。

Please
看診

如果下巴下方長出一粒粒黑色的顆粒，有可能是毛細孔堵塞或是皮膚發炎，請帶去動物醫院就診。

有時候也會借用飼主的手

下巴下方長出一顆顆
像是青春痘的顆粒。

飯後用濕的紗布或毛巾輕輕擦拭乾淨。

一早就叫不停，可以「當作沒聽到」嗎？

一直叫到我起床才停

如果是傍晚就吃完飯而且沒再吃任何東西的貓，隔天早上當然會肚子餓。於是就會在主人的枕邊叫叫看，結果主人真的起床弄飯給我吃。這時，貓就學會了「只要在主人枕邊喵喵叫就有飯吃」。貓對於吃這件事的學習力相當高，只要有過一次經驗就能牢牢地記住。才會在日後的每一天都在枕邊喵喵叫。

喵
Good morning

事到如今，你能完全無視於已經相信只要在枕邊喵喵叫就有飯吃的貓嗎？若要當作沒聽到，應該一開始就不要理他，否則先讓他學會卻又要無視於他，真的太殘酷了？

要說一大早叫不停害人不能睡的話，只有飼主改變自己的生活方式去配合，或是改變貓的生理時鐘的設定。前者是變成早睡早起的生活習慣，取代貓的枕邊喵喵叫而起床。後者則是慢慢地將貓的晚餐時間向後延，覺得肚子餓的早上時間也就會延後了。這需要慢慢去調整彼此時間為一致。

沒問題！

明明是飼主教會貓設定自動鬧鐘卻又不理貓，真殘忍，
好好地改變貓的生理時鐘吧。

第一次的「rice call」就當作是一種物體的重量。

貓時間（貓的自動鬧鐘）

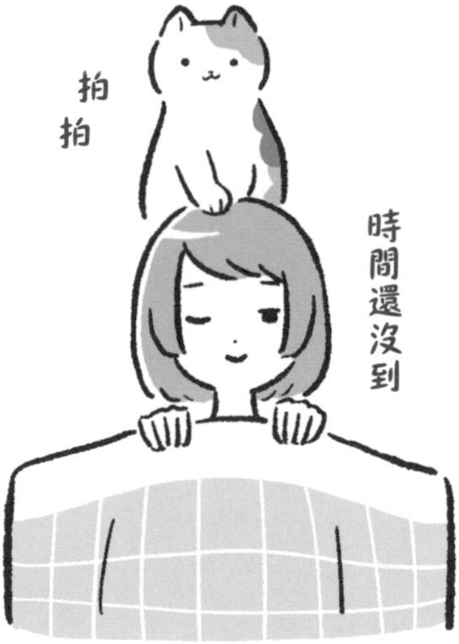

貓時間（鬧鐘設定中）

貓原本就是夜行性動物。因為半夜會起床，所以肚子會餓。
只要一開始就無視於「rice call」，貓就知道「叫也沒用」了。

爪子不縮回去。總是伸在外面，沒關係嗎？

想縮也縮不回去

這是高齡貓常見的問題之一。原因是隨著年紀漸長，磨爪的次數就隨之遞減。

貓爪是由有很多層薄層形成，磨爪會磨掉最外一層而露出下面一層新的。磨爪的次數減少，薄層便不容易脫落，爪子就會越來越厚，最後結果就是爪子縮不回去了。

很少再看到磨爪器四周有脫落的爪子薄皮，或是走在地板上時會發出喀喀的聲音，請務必去確認一下爪子是否有縮回去。如果放任貓爪伸在外面不僅會弄髒還可能引起發炎，因此平時的保養就很重要了。

作為保養的方法，雖然飼主可以自己去除沒有脫落的爪子，但對飼主來說或許難了一些。另外，通常也會需要用到指甲剪，貓用指甲剪不會傷到爪子和指頭。前往動物醫院和獸醫師商量也是一種更令人安心的方法。

Let's
經過觀察

這是老貓特有的現象，
需經常檢查爪子，如有必要，就要做適當的處理。

沒縮回去，是因為爪子變厚的緣故。

正常的貓爪

沒有磨爪的樣子

去除應該要脫落的爪子

不要自己隨便處理，請去動物醫院。

聞飯的味道時鼻子發出哼哼聲，仔細一看原來是鼻頭濕濕的

時乾時濕的貓鼻。

貓鼻時時在動。只要仔細觀察就會發現，當他們在嗅味道時，鼻頭就會濕濕的。這是因為掌握到味道分子的關係。由於貓是靠聞味道來判斷東西能不能吃，所以一到吃飯時間鼻子就會濕。即便是嗅到從窗外飄進來的味道，鼻子也會濕。

相反的，如果是在睡覺或是耍廢，因為不需要聞味道，鼻子就是乾的。而野貓因為總是處在餓肚子的狀態，所以鼻子總是濕的，相較之下，因為家貓不必為了食物煩惱，不必嗅味道，所以大部分的時間都是乾的。

需要擔心的是，鼻子不動、老是趴著，尤其是沒什麼食欲也沒什麼精神的時候就要注意了。若再加上鼻子乾乾的，很有可能是脫水、中暑、感冒、發燒等。

主人最重要的工作就是早日發現異狀。因此，平時就要多多觀察貓的一舉一動，記錄下鼻子在什麼情況下會濕，就能在異狀發生前發現了。

沒問題！

因為貓的嗅覺靈敏，一有味道就有反應，貓的鼻子會濕就是掌握到味道的證據。

每隻貓的鼻子濕的程度不同，年紀越大就越來越乾。

聞到好味道時，
鼻子是濕的。

端出來的食物不吃，用腳磨地板，是說「這我不吃」嗎？

宛如在挖貓砂一般

打開罐頭要拿給他吃，但他靠近一聞，非但沒吃還用前腳在地板磨啊磨就走開了。就像是在挖貓砂一樣，像是在對飼主提出「這能吃嗎」的抗議。於是，開一罐貴一點的罐頭「那這一罐怎麼樣？」結果，「這果然好吃」就吃了。然後不斷重複相同的結果，形成「我家的貓，嘴很刁」，其實這誤會大了。事實是貓會有不想吃的時候。不過要是你端出不同的東西給他，就算他很飽也會吃。就像我們人類有「另一個胃」一樣。

貓本來就不是會在規律時間內進食的動物。也不是每次狩獵都會成功，所以是有時候吃很多有時候什麼都不吃的「不定量」動物。當「今天不想吃」的時候，野生時代的貓兒們在捕獲到獵物後會用枯枝或樹葉藏起來。這習性一直傳到現在才會有磨地板的動作。

只要看到貓在磨地板就不要理他們，隔天就什麼都吃了。

沒有問題！

現在不想吃所以把它藏起來，
因為貓是不定量動物，也會有不想吃的時候。

旁邊如果有抹布，
就會磨地板然後把它蓋在貓碗上，然後笑笑地離開。

偶爾會看到
邊吃邊磨地板的貓，
喵～

沒有食欲

如果連續兩天以上沒有進食，
就可能有問題了，請帶去醫院。

舔屁股的動作沒停過，從外觀來看沒什麼異常啊？

老是咬肛門四周、沒辦法坐

貓的肛門左右兩邊有肛門囊（也稱肛門腺），分泌物會從這裡分泌出來。會從這分泌液的味道來確認對方、鞏固地盤。貓會經常聞其他貓的屁股就是這個原因。

貓如果比平常還頻繁地舔啊、咬啊肛門四周、大腿內側的話就要注意了。請立刻前往動物醫院檢查吧！要是引起肛門腺炎，就需要接受治療。

嚴重的話是發膿然後破裂。後續傷口若沒清潔乾淨很容易再次發炎，所以請不嫌麻煩地來往醫院，直到傷口完全治好為止。傷口沒好、沾黏的話，原本應該會和尿液一起自然排出的分泌物，就很難從肛門囊分泌出來而再次引起發炎。

當貓曾經得過肛門腺炎，就須定期到醫院做檢查。

可能是分泌物堆積在肛門囊，
請獸醫師幫忙擠出來吧！

發炎越趨嚴重就越趨疼痛，連坐都沒辦法坐。
整天昏昏沉沉的，就是亮起紅燈警示了！

貓的肛門囊
在這裡！

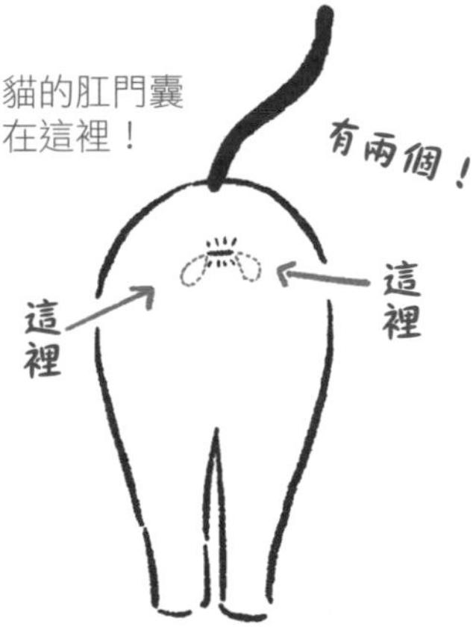

因為是在肛門內側，
所以從外面是看不見的。

及早治療肛門腺炎
是可以馬上治好的。
請儘早診察！

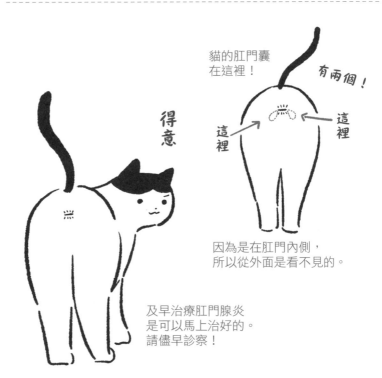

想抱但不給我抱 我家的貓是不是有怪僻？

貓有他喜歡的抱法和不喜歡的抱法

有的貓很喜歡被抱，有的貓很討厭被抱。貓各有其不同的個性，只有尊重一途，不過，應該也有人在討厭被抱的貓面前，扭動著身體說「給我抱抱！」吧！這裡將教這些飼主抱他們的方法。依抱的方法是有可能抱起討厭被抱的貓的。

基本上，貓對迎面而來的人（或其他生物）容易起警戒心，所以才會拒絕從正面的抱抱。相反的，從背後輕輕地抱起就會降低他們的警戒心，快速地扶著後腳抱在懷裡試試看。重點是要考慮到貓身體的穩定。要是貓有快要掉下去的感覺，當然會討厭被抱而暴走。

不要再用他們討厭的方式抱他們了。也不要硬抱他們。將他們像珍惜寶物一樣對待，貓就會讓你抱。不過，也是有怎麼樣也不讓你抱的貓。對待這樣的貓不要太過強硬，請安靜地陪伴在一旁，找出彼此都舒服的距離感。

沒問題！

很多貓對抱法很挑惕。找到他們喜歡的抱法，溫柔地呵護地抱起來吧！

試試各種讓他們感到放鬆的抱法！

從後面快速地抱起來…

公主抱的方式，
無論是哪種貓都會覺得
自己是公主＆王子！

我家的貓對「伸懶腰」很認真 貓都是這樣的嗎？

睡覺前起床後都會伸個懶腰打個大呵欠

前腳對齊伸直、腰部向上抬起的伸懶腰姿勢是貓的代表性動作之一。而且沒有一隻健康的貓是不伸懶腰的。

睡覺前起床後，伸個懶腰然後打個大呵欠是一個組合。貓做這一連貫性動作可以緩解睡覺時肌肉的緊繃，並為了快速進行下一個動作而重整。

伸懶腰的另一個解釋是為了保持身體的柔軟性而做的伸展操。

伸懶腰的樣式各有不同，有的貓邊走邊單腳伸展，有的貓則是躺下來伸～直身體等等，在在充分表現出他們的個性。

雖然也有不太伸懶腰的貓，但基本上，就連老貓都會做。如果平時常伸懶腰，但某天突然不伸懶腰了，或許就是身體某處出現疼痛了。這時就要多留意他們的改變，平常也要多觀察他們是什麼樣的伸展姿勢。

如果是老貓，飼主可以幫忙伸展，溫柔地按摩他們的手腳。

沒問題！

「伸懶腰」是為了重整緊張的肌肉、維持身體的柔軟性，
每隻貓都是這樣的。

伸展～
早安
伸展～
第二次打呵欠～
（到此是一個組合）

貓的伸展很像瑜伽。

今天也一起伸展喵！

也可以把貓的伸展時間作為人類的伸展時間，
每天一起健康有活力地伸展身體。

本書的使用方法

本書從貓的動作來徹底解讀
他們的變化與不適，
除了目次，從這頁起也可以查到
令飼主不安的動作，
請務必解讀
「令我不安的我家的貓」。

部位別的動作

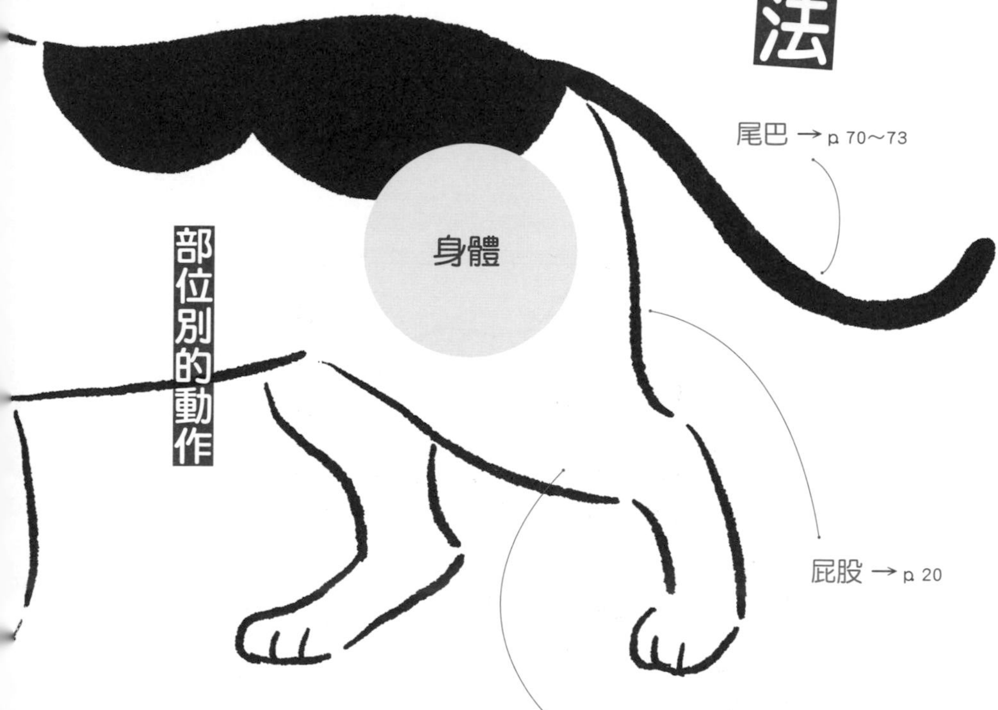

全身的動作

臉和頭

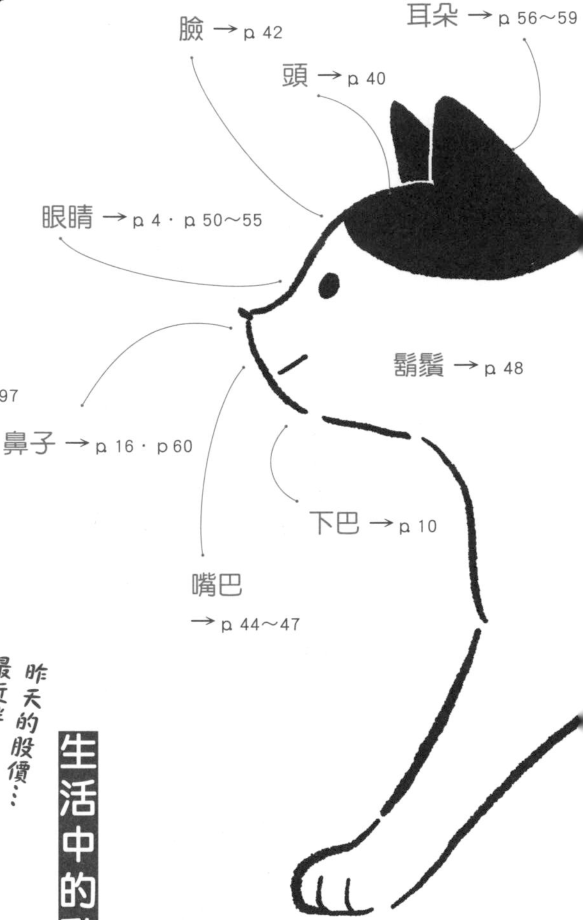

生活中的動作

書中登場的貓和飼主

本書的主角是3隻貓家族和1隻擔任導讀的黑貓，以及附近鄰居的可愛貓兒們。介紹貓兒們的各種動作和被弄得人仰馬翻的飼主們。

橘子

20 歲虎斑貓的老貓（相當於人類的 100 歲左右）。
貓家族中最年長的。身體已相當虛弱，但當他一出聲，其他的貓家族成員還是會繃緊神經。從小茗還是小學生的時候就一起生活到現在。喜歡坐在小茗的腿上睡覺（咕嚕咕嚕咕嚕～）

小茗

橘子、糰子、賓士的飼主。
一個人住在可養貓的公寓的 30 歲左右女子。
即使挨了貓拳、被早晨的 rice call 而起床，對貓的愛依舊滿滿絲毫不減少。
因為磨爪而把喜歡的沙發抓得破爛不堪，也總能想辦法度過（淚）。

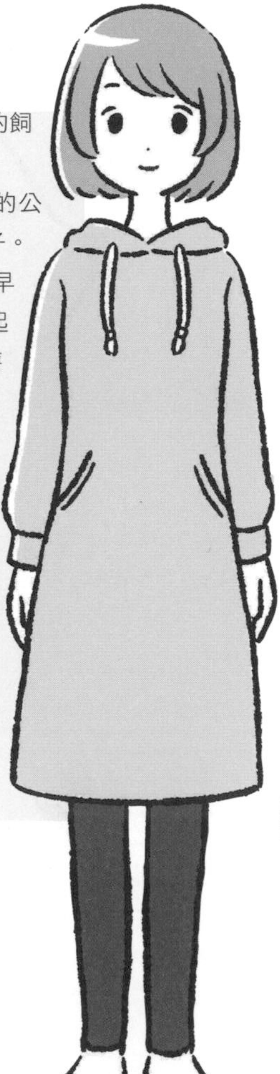

糰子

5 歲的母三色貓（相當於人類的 36 歲左右）。
警戒心很強的家中小霸王（在外面很弱）。
有時候會去捉弄賓士而被小茗責罵，事實上她最愛賓士。
她的特殊技能是空氣按摩。

小栗

淳子養的異國短毛貓。
總是泰然自若，
有著高度存在感。

淳子

小茗的妹妹，小栗的飼主。因為開始自己一個人住就馬上養了一隻貓。有很多很多和貓一起生活不懂的地方，每次感到困惑時都會找姊姊小茗商量。

小黑

鄰居的黑貓。年齡不詳、飼主不詳的謎樣存在。
總是從窗邊觀察小茗她們的生活，思考有關貓和人類的幸福日子。

賓士君

1 歲的公賓士貓（相當於人類的 18 歲左右）。
好奇心旺盛、很頑皮、走路不看路。時常因目測失誤而從跳台上摔下來。最愛鮪魚生魚片。

櫻花醬

鄰居的塌鼻波斯貓。
有時會看見他翻越陽台過來。

鄰居

同為愛貓人士，
會和小茗交換資訊的好鄰居。
塌鼻櫻花醬的飼主。

在社群網站上超受歡迎的愛貓網紅們也正在注意他們的愛貓「動作」

緊急取材活躍於推特或IG等社群網站的愛貓網紅，請他們告訴我們有關發現愛貓的生病動作的小故事。飼主的觀察果然很重要喔！都會在書中詳細解說。

左：茶太郎（公貓 8 歲）
右：黃豆粉（母貓 8 歲）
→ p.75

小麥（公貓 5 歲）
→ p.74

p.114 ←
玉子（母貓 6 歲）

p.115 ←
黃豆粉（母貓 6 歲）

阿步（公貓 4 歲）
→ p.114

p.115 ←
左：小利（公貓 6 歲）
右：夢（母貓 2 歲）

p.114 ←
左：美羅（母貓 6 歲）
右：小鈴（母貓 7 歲）

p.156
小六（公貓 4 歲）
阿牛（公貓 10 歲）
桃子（母貓 10 歲）
Leon（公貓 9 歲）
阿海（公貓 7 歲）

下：小雅（母貓 6 歲）
上：美美（母貓 4 歲）
p.75

小雨（公貓 5 歲）
p.74

p.115
小白（公貓 7 歲）

p.74
右：貝爾（公貓 5 歲）
左：鈴（公貓 3 歲）

kiki（公貓 2 歲）
p.75

左：琥珀（公貓 5 歲）
右：恰恰（母貓 4 歲）
p.157

豆助（公貓 5 歲）
p.157

p.156
小鈴（母貓 11 歲）

p.156
摩卡（母貓 21 歲）

p.157
小鐵（公貓 7 歲）

CONTENTS

解讀貓的行為舉止手帖

第1章 部位別的動作

第2章 全身的動作

第3章 日常生活中的動作

第1章 部位別的動作

本章將解讀從貓的臉、頭、腳、尾巴等部位呈現出令飼主不安的動作。

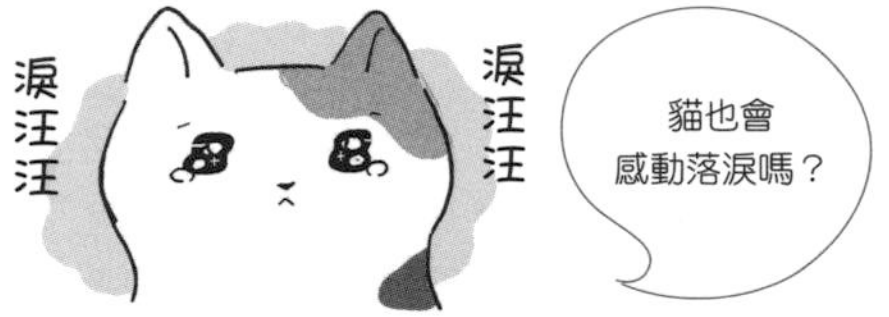

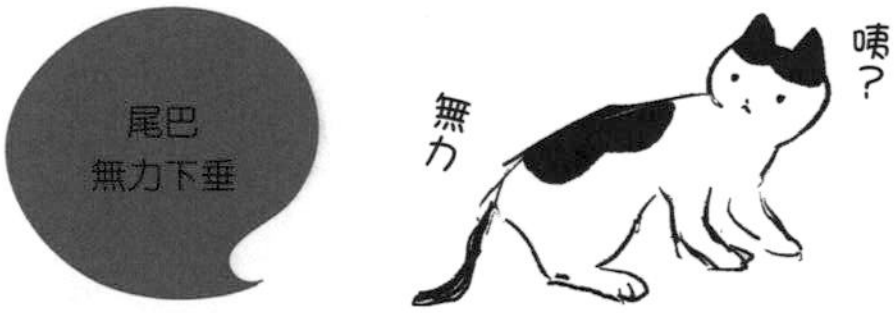

按枕頭、
毛巾什麼的
為什麼
按啊按？
搔啊搔
經常搔耳朵
後腳踢啊踢
用前腳壓著獵物
好痛啊
踢踢踢
貓踢——
聞到臭味嘴
就辦張開！？
好幸福～
怎麼辦？怎麼辦？
該怎麼辦呢
尾巴搖啊搖
只有嘴巴旁邊
的鬍鬚會動？
まって～
鼻水、噴嚏
連發！
坐在窗邊
望向窗外
磨爪磨得整
間屋子破破
爛爛的
耳朵一下
豎著一下倒著
流口水
又口臭！
滴滴滴～

頭一靠過來就蹭啊蹭，時常這麼做！這是愛的表現吧？

飼主一回到家立刻突襲到腳邊來

貓是地域性強的動物，他們會專心一意地在自己的地盤留下氣味。而且散發氣味的分泌腺都集中在臉上，就算一起生活在他們的地盤之中的人類，讓他們也沾上自己的味道，才能維持安心的生活。

當飼主從外面回到家時，就一股腦兒地把頭湊過來蹭啊蹭的，而且連飼主手上的東西都不放過，這就是他們的習性。所以他們會一直反覆前面的留氣味動作，直到他們覺得安心為止。

喊他「過來」也不會靠近的傲嬌貓，竟會來到旁邊用頭磨蹭，說是舉步維艱但也令人開心。如果貓不怎麼過來磨蹭，是不是飼主都待在家所以就沒有外面的味道呢？就因為整天穿著同一套居家服才會讓貓認為「氣味沾染結束！」經常保持室內空氣流通、經常換洗居家服是有極大的可能讓他們再次過來用頭磨蹭的。

很可惜，這不是愛的表現，只是留下氣味而已。

沒問題！

確認飼主是個令我安心的存在而行動，當留下的氣味讓他感到滿足了才會停。

等待飼主回家的貓還滿多的。

分泌味道的分泌腺都集中在兩頰和額頭。

沒必要一直在我同一套居家服上面留氣味吧。

總是在洗臉，這麼頻繁地洗可以嗎？

只是想清潔而已？還是哪裡出了問題？

貓是個很愛乾淨的動物，不僅會時常舔全身，也會仔細地洗臉。尤其是洗臉，因為只有在他們覺得安心的時候才會讓你看到他在洗臉，這也可以說是貓表達他們滿足於和飼主一起生活的動作。

但，若是洗臉的頻率比平常高出許多就要注意了。

特別是只洗一邊的臉、不然就是在什麼東西上面摩擦，洗臉的方式和平常不同的話就需要幫忙檢查一下。有可能是哪裡異常而覺得癢和痛。

例如口內炎、牙結石、牙周病。或是嘴巴周圍的皮膚或眼睛發炎、鼻塞、耳朵出現異常等。

和貓一起生活且令人意想不到的盲點就是太寵愛貓而失去冷靜進行觀察的警覺。你家的貓一天洗幾次臉？是怎樣的順序來洗臉？如果這些都瞭若指掌的話，便能及早發現異狀了。畢竟建立觸摸眼、口這些部位也不會讓他們討厭的關係也相當重要。

Let's
經過觀察

反覆進行相同的動作，是皮膚癢、口腔內疼痛等疾病的原因。

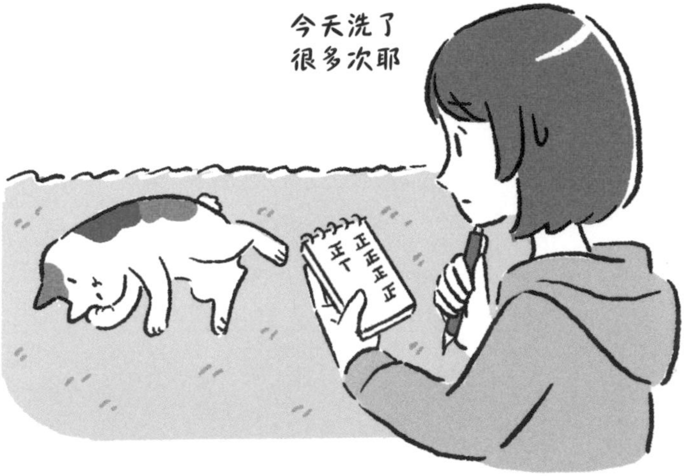

正因為一起生活是理所當然的，
所以仔細觀察才能及早發現。

仔細檢查是不是
有和平常不同的地方。

光洗同一個地方，
可能是哪裡出了問題。

聞了聞襪子的味道後，嘴巴半張開動也不動是怎麼了嗎？

聞襯衫也是!?

貓有兩種聞味道的方法。一種是一般的聞味道方法，從鼻子吸入味道分子。另一種是聞含有費洛蒙的味道時，會從口腔內的一個名為「鋤鼻器」的器官來吸入味道分子。鋤鼻器的入口位在口腔上方前齒的正後方，所以在聞費洛蒙時會微張開口。於是看起來像是在微笑。這稱為「裂唇嗅反應」，而裂唇嗅反應除了貓之外，馬、羊等動物也有。所謂費洛蒙是指催促同物種進行性行動的化學物質。

費洛蒙主要存在於汗水、排泄物，所以當貓在聞飼主脫下的襪子、襯衫時，就會產生裂唇嗅反應。看起來簡直就像是聞到很臭的東西而全身僵硬一樣，事實上他們是樂在其中的。原本應該是對其他的貓的費洛蒙產生反應，或許是和人類一起生活後擴大了他們的興趣吧！作為日常生活當中的一項刺激，給他們聞一下臭襪子並不會太過分。

沒問題！

這是稱為裂唇嗅反應的生理現象，為了吸入費洛蒙而張開口。

不是因為臭而全身僵硬

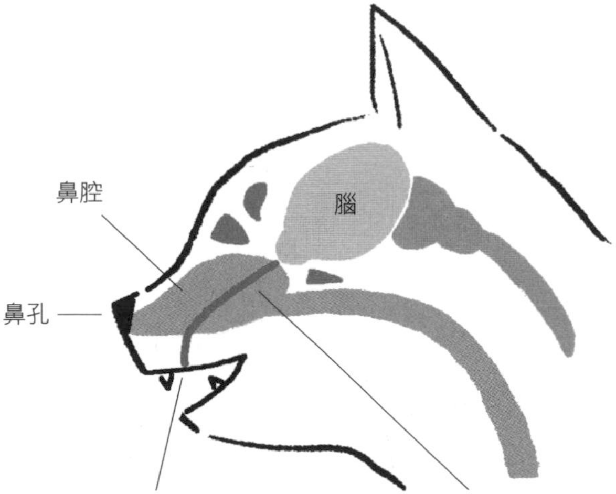

從鼻子裡面的細胞到腦，
鋤鼻器也會傳達情報給腦。

最近常流口水，也有口臭這很常見嗎？

絕不可忽視

貓為了保持乾淨，會去舔嘴巴四周或是梳理毛，所以不會有流口水的現象。要是嘴巴四周出現足以弄髒嘴巴的口水，就很有可能是口腔黏膜、牙齒、舌頭等口腔內部乃至於身體出現異常的徵兆了，也要確認是否有口臭。

首先，請仔細檢查貓的口腔，「牙齒上有沒有咖啡色或是黃色的結石？」「牙齦有沒有發炎？」「牙齒快要掉了出現晃動？」「有沒有會讓口唇、舌頭發炎的物質？」「有沒有出血？」另外，也請仔細觀察每天的飲食狀況、理毛、大小便。

在此之前，飼主能做得更簡單的事就是去聞貓的嘴巴的味道。平時就聞的話，一有異味便能立刻發現了。

也有可能是舔到毒物還是誤喝了什麼？請重視流口水、口臭的情形並前往動物醫院商討對策。極有可能發生了大問題。

Please
看診

可能是胃等內臟疾病、牙齒的疾病、口內炎等各種不適。

雖然有賣貓專用的牙刷…

也有貓專屬的牙科醫生
口腔問題也可能是牙齒以外的原因造成
請先前往動物醫院

刷牙是飼主的事
用紗布清潔口腔也OK
沾一點湯汁
他們就會安靜地讓你刷。

我家的貓，嘴巴旁邊的鬍鬚會動，其他的則不會，這正常嗎？

仔細一看，臉上的鬍鬚好多

長在貓的嘴巴兩側的鬍鬚又長又粗，非常顯眼。不過，臉上其他地方也長有鬍鬚。用連連看的方式將眼睛上方、兩頰的鬍鬚前端連起來的話，大概就和從正面看貓的身體的大小差不多一樣大。這是因為鬍鬚扮演著感知周遭的天線角色。一旦有蟲子飛過、或是前方有什麼障礙物時，鬍鬚能立刻接收到他們的存在並行動。因為我們人類沒有這樣的天線，無從感受。請試試在不讓貓發覺的情況下，從頭後面伸出手去觸摸他們眼睛上方的鬍鬚前端看看。貓會把眼睛閉起來「有東西過來！」就是感覺到有東西的證據。

唯一能觀察天線的地方就是嘴巴兩側的鬍鬚。只有這裡的鬍鬚，能自己動，當對某種事物產生興趣時，全部的鬍鬚就會伸往那有興趣的事物方向。和其他不會動的鬍鬚不同，會很積極地蒐集情報，像是捕獲到獵物時，幫助得知獵物的一舉一動，猶如昆蟲的觸覺。

沒問題！

很正常。貓的鬍鬚是很重要的天線。
最活躍的就屬嘴巴兩旁會動的鬍鬚。

嘻嘻嘻……
眼睛上方。眉毛吧。
這就是貓的鬍鬚。
長在臉頰像是阿呆毛的鬍鬚

長在身體上的粗毛就是鬍鬚。
和體毛一樣會定期更新。

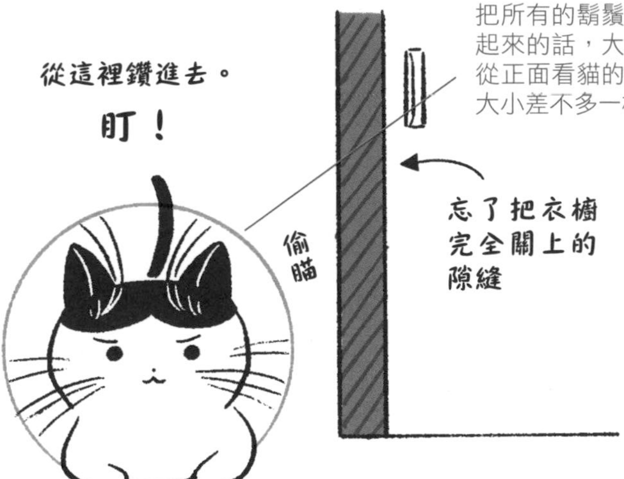
從這裡鑽進去。
盯！
偷瞄
忘了把衣櫥完全關上的隙縫

把所有的鬍鬚前端連起來的話，大概就和從正面看貓的身體的大小差不多一樣大。

鬍鬚根部有很多神經，當鬍鬚的前端一碰到東西就會把相關情報傳達給腦。因此，能判斷是否能通過狹小的縫隙。

一張開眼睛就看到他在看我，這有什麼含義嗎？

一張開眼就看到他盯著我看

貓有盯著小得不能再小的動作看的習性。

飼主睡覺的時候、工作的時候、看書的時候，一回過神來就會發現貓正盯著你看，這是他們完全展現出貓的習性的瞬間。貓會對聚精會神的飼主的微乎其微動作做出反應。

貓原本就是狩獵性動物，鎖定目標時便緊盯著不動。眼睛追逐獵物的小動作並伺機而動。

雖然機率很低，但眼睛看不清的時候也會有這樣的動作。

當出現以下動作時，就要注意了：最近要從高處下來時會很猶豫、下來時常失敗、爬不上最愛的貓跳台等等。

試試在貓的眼前揮動逗貓棒，如果什麼反應也沒有的話，很有可能是眼睛出了問題，就必須帶去給醫生看。

Let's
經過觀察

貓對細小的動作很敏感，會緊盯著觀察。
眼睛看不太到也會盯著看時就要注意。

從瞳孔可以看到我自己。

即使是人類眼睛看不到的會動的微小蟲子，也會用眼睛盯著追。

對逗貓棒沒反應，
只凝視著一點就要注意了。

望著窗外，是渴望窗外的自由嗎？

是在看什麼呢？沒有答案

貓是會自己畫地盤，在地盤裡生活的動物，待在地盤裡會讓他們覺得安心，一旦走出地盤就會感到不安。因此，從來不會想要跨出地盤一步，對於飼養在家中的貓來說，家就是他們的地盤，不會想要出去。望著窗外只不過是從安心的地方，好奇的邊界看向外面而已。

如果把窗戶打開，好奇心旺盛的貓或許會走出去。不過，一出去就會開始感到不安而不知所措，這是因為他們跨出了安心地盤。也因為過於不安，便動也不動地躲在某處。

有少人認為養在室內就是把貓關在家不讓他們出去。但也有人覺得那樣是剝奪了他們的自由而感到罪惡。但，那可是大錯特錯的。對貓而言，只要家中有讓他們覺得舒適安心的環境，就會非常滿足地在裡面生活。不要覺得「對不起，只能把你養在家裡」而是「養在家裡真好」。那開朗的情緒會讓貓更加幸福。

沒問題！

窗戶是貓的地盤的邊界，只是好奇看著邊界的外面而已。

飼養在室內的貓
從來不會想要出去。

地盤確認中
廚房OK！
客廳
沒問題！
庭院安全確認中

「你會想出去吧，好可憐」
的想法不過是人類自認為的想法。

最近常兩眼淚汪汪，貓也會感動到落淚嗎？

眼頭髒了或是有眼屎

就算貓的眼睛充滿淚水，也不是在哭泣。因為他們不會因悲傷、生氣等情感而哭，有淚水可能是生了什麼病。

有可能是眼睛混入髒東西等異物、或是一種稱為貓科鼻氣管炎的貓流感，所引起的結膜炎或角膜炎；或是、眼睫毛倒插引起的眼睛發炎等。特別是長毛種的波斯貓等塌鼻貓，因為先天性鼻淚管窄，更容易因堆積而流淚。我們也常看到這類貓從眼睛到鼻子掛著淚痕（眼淚流過的痕跡變得黑黑髒髒的狀態）。如果這狀態持續的話，請不要猶豫地盡快帶去看醫生。

平時的檢查重點是看有沒有眼淚流出來、有沒有眼屎或淚痕、結膜有沒有變紅、角膜表面緊繃且濕濕的、瞬膜是不是太突出等等。

如果是毛色深的貓就不容易從淚痕、眼睛是否淚汪汪來判斷，需請更加細心的觀察他們。

Please
看診

貓不會哭。請注意有可能是結膜炎等的感染、鼻淚管阻塞等問題。

一起因悲傷的
連續劇而感動！

這是誤會。

塌鼻貓的眼淚容易堆積在鼻淚管而形成淚痕。

鼻淚管是一條連通下眼瞼到鼻腔內的管腺。濕潤眼球的眼淚會排到鼻子裡面。

喵

仔細檢查眼屎、淚痕、瞬膜、結膜、角膜的狀況。去看醫生前請不要把眼屎擦掉。

一下前傾、豎立，為什麼耳朵會一直動個不停呢？

耳朵的動作變化相當豐富

每種動物的聽覺範圍都不盡相同。以可聽範圍來說，人類能聽到的聲音範圍是20赫茲到20千赫。貓是30赫茲到60千赫，狗是20赫茲到40千赫。

雖然高於20千赫的周波數，以及人類聽不到的稱為超音波的聲音，但是因為貓最高能聽到60千赫，所以他們聽得到超音波的聲音。

而我們人類明明什麼都沒聽到，貓耳朵卻一直前後左右動個不停，這就是因為他們聽到了超音波的聲音，而轉動耳廓來收集。由於貓耳的可聽範圍相當廣，因此能正確分辨出飼主的腳步聲、腳踏車聲音。

此外，貓能區別出距離8公尺遠和只有8公分距離的兩種音源，而區別這兩種音源的比例達有75%。主要在夜晚狩獵的貓，更能以他優越的聽覺正確判出斷獵物所在之處。跟狗比起來，貓才是擁有絕佳聽覺的動物。

沒問題！

貓的聽力相當優秀，能聽到超音波，
耳朵經常轉動就是因為他們完全運用優秀的聽力所致。

能聽出飼主的腳步聲也是因為
擁有可聽範圍相當廣的優秀耳朵。

連隔壁鄰居開貓罐頭的聲音也能引起一陣騷動！

經常搔耳朵，是為了整潔儀容？還是耳朵有問題？

要觀察耳朵裡面和耳根

貓會很仔細地清潔自己的身體。清潔方法主要是以舔為主，如果是嘴巴舔不到的地方就用腳，用後腳搔耳後做清潔。

但是，如果過於頻繁地搔耳朵、摩擦頭部或是耳朵周遭、晃動腦袋等動作時就要注意了，有可能是患了外耳炎等耳朵疾病。檢查的重點是：耳朵裡面、耳根、靠近耳朵的額頭附近有沒有傷口、耳道有沒有黑色的污垢。

如果是黑色的耳垢也會有味道。也許是單純的髒污或油脂，也許是因為一種叫做馬拉色菌屬的酵母類真菌或細菌性的發炎，人類絕對不可自行幫他們清潔。必須前往動物醫院利用顯微鏡來確定耳垢的種類。

而貓相當擅長取得身體的平衡，是因為他們耳裡（內耳）的三半規管相當靈敏。經常檢查對他們而言很重要的器官，一發現不對就請立刻處理。

Let's
經過觀察

耳朵有傷口或是有黑色耳垢就是生病了，
請勿隨意動手清潔耳垢，立刻前往動物醫院。

更頻繁了？搔癢的方式不一樣了？

貓能到人類聽不到的聲音。

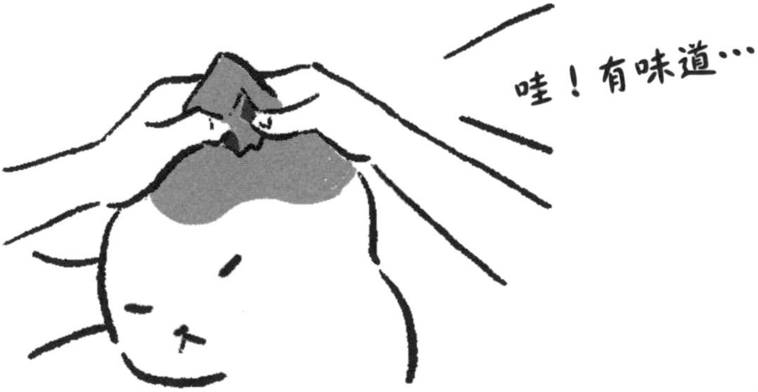

看起來比平時更癢的話，
請仔細確認有沒有發炎。

鼻水、噴嚏打不停！是感冒了嗎？

沒辦法拿面紙擤鼻涕，對貓來說很辛苦

鼻水流不停、噴嚏打不停，很明顯是生病的徵兆。

貓的鼻子內部有著複雜的漩渦狀構造，所以嗅覺相當靈敏。也因為細胞繁多，就容易引起發炎。

當出現這些症狀時，就是貓感冒了。嚴重時會嗅覺衰退、食欲不振，儘早醫治就很重要了。

貓感冒是由傳染性鼻氣管炎、貓杯狀病毒等引起，只要有打三

種混合疫苗，就不需那麼擔心害怕了。體內有了抗體，即使生病了也只是輕症。

小時候得過感冒的貓，病毒就會一直存在體內，長到成貓後也會突如其來的惡化。大部分的貓都很討厭獸醫師，如果當時因某種原因而沒有打疫苗的話，就請盡快前往動物醫院接種吧！

如果在接種前感冒，也請立刻帶往動物醫院進行診療。

Please
看診

疑似感冒，為防患於未然，務必接種三種混合疫苗。

不僅貓很辛苦，整間屋子到處都是鼻水，飼主也很辛苦…。

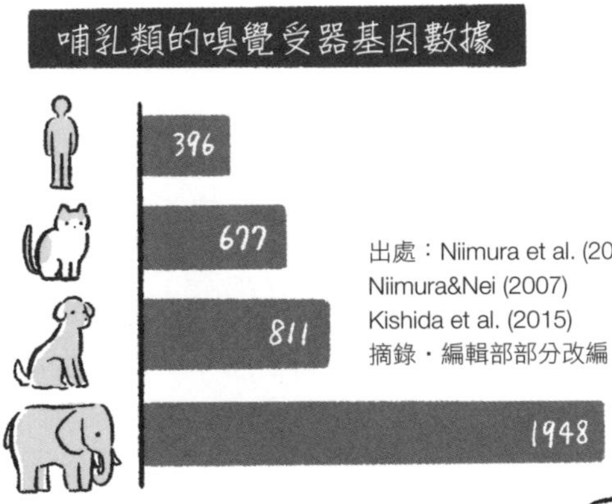

出處：Niimura et al. (2014;2018)
Niimura&Nei (2007)
Kishida et al. (2015)
摘錄・編輯部部分改編

貓的嗅覺比人類還靈敏，
幾乎和狗一樣。

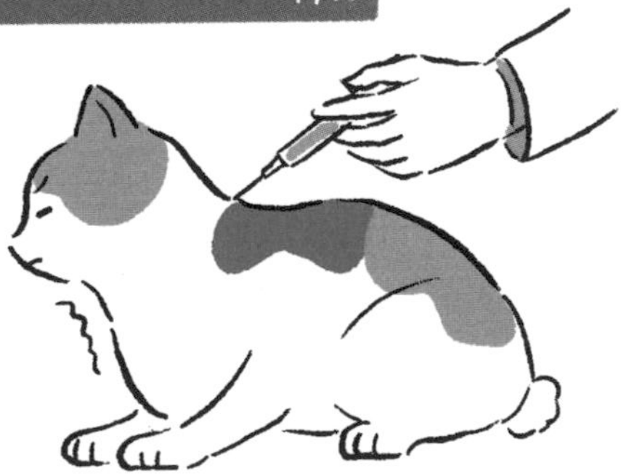

沒有一隻貓喜歡打針。
請選很會打針的獸醫師。

用前腳按飼主的肚子和手臂，這動作到底是為了什麼？

成貓也會按啊按

幼貓喝奶的時候，會用雙手交互按壓母貓乳頭四周，而且他們是本能地知道做這動作就會有乳汁出來。喝奶時的幼貓在母貓的庇護下吸吮著溫暖的乳頭，便能充分感受到吃飽喝足的安心感。

家貓即使長為成貓也還是會持續著幼貓的行為，飼主像母貓一樣地抱著、寵愛著，讓他們無論到了幾歲都還是像幼貓一樣。因此，當他們感到像吸吮乳頭般地安心與滿足時，就會做出同樣的按啊按的動作。坐在柔軟舒適的毛巾上時、觸碰到飼主身體時，通常都會按啊按的，但有的貓在睡覺的時候，飼主只是叫了他們一聲，他們也會做出「空氣按」的動作。甚至有的貓會邊按邊吸毛巾，也有喜歡吸吮飼主手臂或耳垂的貓。

家貓終其一生都在飼主的精心照料之下，也就沒有必要長大。就放任他們像幼貓時期一般地按啊、舔吧！

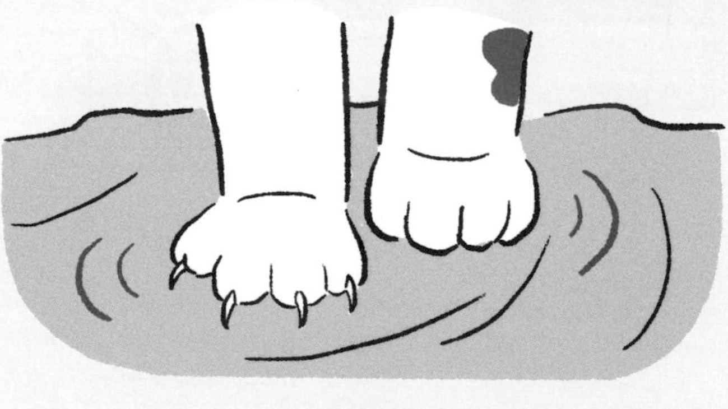

沒問題

按壓是幼貓吸吮母貓乳頭的動作，覺得幸福的時候會不自覺的進行。

媽…
吸吸吸
嘖嘖嘖

喝了母奶的幼貓，安心地睡著了。
成貓也在按啊按，之後安心地睡著了。

不同的按

空氣按
（睡得很香）
給同伴或飼主按
按枕頭
或毛巾

因為貓長為成貓也是自己一隻單獨的生活，
沒有一起生活的概念。

走路的樣子看起來跟平常不同，是有什麼異狀嗎？

出現違和感了嗎？
一有什麼地方怪怪的就要注意

拖著腳步、舉步維艱、搖搖晃、站起來的動作有點遲鈍…等腳部不適，就是神經方面的疾病或是肌肉異常。

骨折、脫臼等原因還比較容易知道，但大部分的飼主很難看得出來神經疾病引起的舉步維艱，只要有一點點覺得怪，就要立刻帶去動物醫院看診。

順道一提的是，蜷著身體站不起來，就要懷疑是不是什麼病引起的無力。這時切勿想著再觀察看看，請立刻帶去醫院。

明明不是老貓，卻爬不上高處、下不來時，也可能是身體或腳哪裡出現異常了。

請錄下他們在什麼狀況下無法走路的影片給獸醫師看，這也是一種有效的診斷方法。一起生活的飼主有責任發現什麼地方不同。即使無法具體說明也不要放任不管。

Please
看診

可能是腳的神經、骨頭、肌肉哪裡出了問題，
也可能是腦中風，切勿放任不管。

留意貓走路出現的異狀

或許是什麼重大疾病？

骨折或是脱臼時，不會用會痛的那隻腳走路，所以走起路來會一跳一跳的或是不想走。

磨爪讓傢俱、牆壁破破爛爛的。可以斥責並阻止他們嗎？

斥責也無用

貓磨爪是本能，絕對不能斥責並阻止他們。因為貓不懂人類為什麼要斥責他們，就只是驚嚇到縮起來而已。不是阻止，而是準備能讓爪子磨起來舒服的傢俱、牆壁。讓他們盡情地磨爪。寵物用品店有各種材質的磨爪器。多買幾種回來試試，就能找到貓喜歡的材質。

切記，定期更換新的磨爪器。一但磨爪器破爛不堪，磨起來不舒服，就會再去找磨起來舒服傢俱和牆壁了。

除了磨爪器，當他們想要磨爪時，可以想想怎麼讓他們不靠近的方法，比如利用防止磨爪的貼紙，不然就是撤掉傢俱，甚至放棄就把這傢俱兼作磨爪器吧！貓磨爪會讓你不舒服並表現出焦躁的樣子，這焦躁也會傳染給貓。為了彼此安穩的生活須下一番工夫。磨爪問題是一道人類和貓之間的情緒拉扯。

沒問題

與其阻止，不如找找磨起來比傢俱、牆壁舒服的磨爪器就能解決所有問題了。

磨爪是貓的本能，
斥責也無效。
喵皇照抓不誤！

有很多替代用品，
任君挑選！

如果無法避免，
就含淚接受這個舉動吧！

用後腳踢我的手臂，這是在抒發焦慮的舉動嗎？

手臂都是傷，好痛！

發現獵物、埋伏窺其動靜、伺機而動、正中要害，這就是貓的狩獵過程。為能成功捕獲獵物，複雜的動作是每個過程中必要的，但貓並不是天生就會狩獵。需要經過練習才行。這練習就是遊戲。

任何動物長大後都很好動，從小他們就把「動」當作遊戲在進行。開心地從遊戲中進步。貓也一樣，將狩獵時部分必要動作拿出來當遊戲玩。其中狩獵的最後一個必要動作就是踢，也就是貓踢。用前腳壓住拳打腳踢想要逃跑的獵物，再用後腳不斷地踢，獵物就不會再動了。接著再緊咬住要害就算狩獵完成。

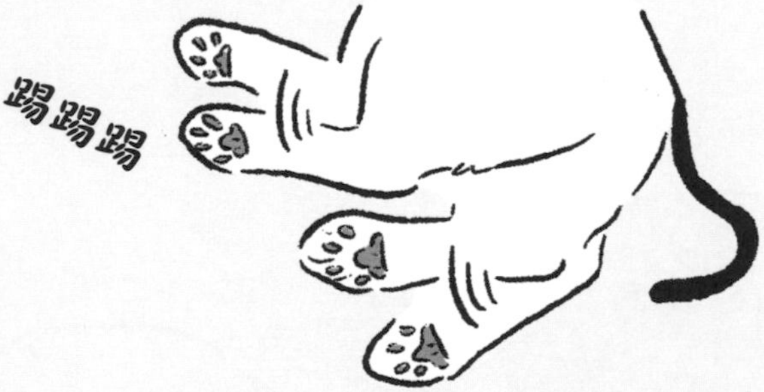

踢人類的手臂，是因為他們把飼主當成自己的兄弟姐妹在玩。

就算會痛也要忍耐，請好好扮演喵皇的兄弟姐妹。

沒問題

踢是狩獵時的必要動作之一，貓在玩的同時也在練習必要的動作。

超痛的
踢啊踢
貓踢!!
用前腳壓住獵物

踢是狩獵的高潮，而且總是很興奮，
試著把自己當作獵物的臨死前掙扎也不錯。

這就是我專門用來
踢的玩具喔！
（我是「踢偶」）

準備踢專用的玩具也是一種方法。

拍打尾巴，是想要說什麼嗎？

貓的心情從尾巴表現

說貓的所有情感表達都是透過尾巴來表現一點也不為過。不過，微妙的感情透過微妙的動作來表現，所以要很準確地從尾巴的動作來解讀他們的情感就沒那麼簡單了。話雖如此，但還是有一個共通點，那就是尾巴拍動的強弱與他們的情感強弱是一致的。當感受到某種強烈情感時，尾巴也會大大地擺動，感受到安穩情感時，尾巴的擺動也會很穩定。

例如，尾巴大大地拍打時，即表示有很大的不滿或是很認真地在思考「該怎麼辦」。相反的，若只是尾巴前端緩慢地拍打，同樣是「該怎麼辦」但並沒有很認真地在思考。當緩慢拍打突然停止時，代表他們停止了思考。

抱著他們的時候，尾巴大大地搖晃表示「幸福的好心情」。如果搖晃速度比平常還要快，就是在告訴你「放我下來」。

要讀懂貓將微妙的感情透過複雜的動作來表示，只能靠每天不斷地觀察了。

沒問題

有生氣的時候就也會有開心的時候，
表現在尾巴的感情是很微妙的，需不斷觀察才能讀懂。

驚嚇
シャ
賓士……

「哇～嚇我一跳」時，尾巴上的毛會向外張開。

各種尾巴的動作

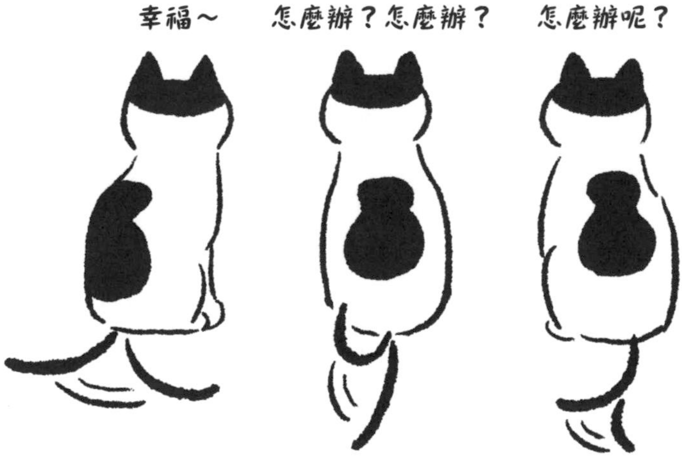
幸福～
怎麼辦？怎麼辦？
怎麼辦呢？

心情好、心情壞？透過尾巴全知道！

尾巴垂垂的，這麼一說，可能不會動了

不小心踩到了！可能是這個原因

貓對於尾巴的危機管理能力相當薄弱，經常把自己陷入難題中。

例如，被門夾到、被家人踩到，真的很想跟他們說「好好管管自己的尾巴！」應該也有過從高處掉下來，尾巴和屁股一起重重地撞在地上吧！

在那之後，去碰他們的尾巴時，就會表現出很痛的樣子，或者相反沒什麼反應，不然就是無法順利排便、尾巴本身彎彎的等，出現令人擔心的症狀。

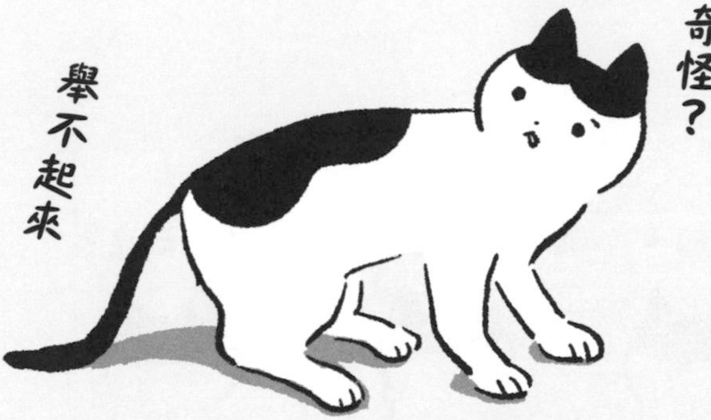

老貓則因為肌力差，也可能尾巴自己無法施力，而會從年輕的貓身上看到那些異狀，就要懷疑是不是骨折還是神經斷裂了。

請前往動物醫院檢查，接受適當的治療。

無論如何，對貓來說，尾巴的問題是相當折損他們的生活品質。也會影響到全身的健康狀態，務必立刻處理。

Please
看診

年輕的貓就可能是骨折或神經斷裂，
若是老貓則可能是因為肌力差導致。

經常被踩到、被門夾到。對貓而言是重大事故，
絕對不行，千萬不行發生啊！

尾巴的構造除了骨頭外，
神經也都集中在這裡，
因此，絕不可粗暴對待。

注目！
訪問了在社群網站上
超受歡迎的愛貓網紅們

Part 1

從我家的貓可以知道這疾病・那疾病

追蹤人數超過1萬人的愛貓網紅們的愛貓都是什麼樣子的呢？訪問了他們如何從他們的動作了解令人意外的疾病的實例。

小麥
（公貓 5 歲）

經常去上廁所・很在意他的胯下

經常跑廁所但也很快就出來了，因為每次上廁所我都會注意他胯下的姿勢，就帶他去看醫生，檢查的結果是膀胱炎。發現和平常不一樣的動作並儘早帶去看醫院是正確的。（by 小麥媽媽）Twitter/@mugi411

小雨
（公貓 5 歲）

嘔吐次數增加了

吐不停，嘔吐的次數變多了。帶去給獸醫師檢查的結果是尿路結石。到現在還不算完全好。（by 小雨媽媽）Twitter/@una1535

香箱坐姿・老是坐在馬桶旁邊

左：貝爾
（公貓 5 歲）
右：鈴
（公貓 3 歲）

鈴常常四腳朝天，但要是香箱坐姿（把前腳後腳全收在身體下）就一動也不動，也會吐不是毛球的東西，於是帶去醫院檢查，醫生說是輕度腸胃炎，開了藥吃。肚子不舒服的時候坐姿就好像抱著肚子一樣。貝爾則老是坐在馬桶旁邊，原來是頻尿，帶去醫院檢查的結果是膀胱炎。打了點滴、開了藥，已經治好了。（by RICO）Instagram/@ricorico_rico

kiki
（公貓 2 歲）

前腳按啊按

愛撒嬌的 kiki 總是用他的前腳在我的肚子上按啊按，雖然在我腳上的時間比較多，但只有在睡覺的時候會在我肚子上按按按，然後在肚子上睡著。感覺像是他的例行公事，好像有什麼堅持似的。很令我好奇。（by 媽咪）Instagram/@saki.ibuki.hazuki

左：小雅
（母貓 6 歲）
右：美美
（母貓 4 歲）

常搔耳朵

小雅從小就有點歪頭的傾向，因為過於頻繁地去搔耳朵就帶去醫院，原來是從母貓那傳染來的耳疥蟲，於是立刻接受治療。最近，美美也很常理毛，擔心他是不是有什麼壓力呢。（by 小雅美美媽媽）Instagram/@ohshima_moa

左：茶太郎
（公貓 8 歲）
右：黃豆粉
（母貓 8 歲）

上完廁所會舔胯下

茶太郎每次上完廁所都會一直舔他的胯下，因為很在意就帶他去醫院，檢查的結果是膀胱炎。黃豆粉也有同樣的動作，帶去醫院檢查一樣是膀胱炎。現在茶太郎和黃豆粉都已經完全治好恢復健康了。（by 茶太郎・黃豆粉）Instagram/@amaccho5160

第2章 全身的動作

本章將說明光是從一個部位還不夠了解時，請從表現在全身且貓自己也很在意的動作來解讀。

盯
跑跑跑!!
半夜開運動會
碰他會痛
從坐姿了解
香箱姿勢
被同居貓
欺負
打
打
忍耐⋯。
咕嚕咕嚕咕嚕咕嚕
（都有在喝嗎！）
咕嚕咕嚕咕嚕咕嚕
（YA！）
從喝奶了解
咬飼主的手
看到陌生人
很激動
警戒
立
身為貓卻
不敢爬高
好高⋯
跳
爬
咚
肚子痛嗎？
咳
咳
一直咳嗽
碰他會痛

才一抱起來就突然揮了一貓拳，太震驚了！

簡直不是我家的貓，是討厭我了嗎？

有可能是身體某處會痛。所以才不想被碰。一抱起來就在告訴你「不要抱我！」有的貓會發出如生氣般的大叫聲，千錯萬錯都是人類的錯，被揮了貓拳也無可奈何。與其「被討厭了嗎？」等灰心喪氣，重要的是找出是不是哪裡疼痛。請仔細觀察他們的走路姿勢等動作。

如果不是因為疼痛，就可能是壓力。最近是不是開始養其他的貓，還是其他的寵物呢？讓他看家的時間變多了嗎？人類的家庭成員是不是不一樣了？如果他們會在廁所以外的地方排泄、老是喵喵叫，就一定是因為壓力了。

注：貓不是用拳頭打

處理這種原因的方法，有的有效有的沒效。不過，增加跟他們的肌膚接觸是有效果的。請不時地觸摸他們，挽回他們原本安穩的心。

Let's
經過觀察

會痛？還是因為壓力而不安？
不管是什麼情況，都請徹底查出原因並處理吧！

眼神也超可怕

貓也會焦慮不安的。

他們喜歡的紙箱、毛巾等物品，
就算破爛不堪也不要丟掉，大方地給他們用，溫柔地對待他們。

香箱坐姿還是埃及坐姿，坐姿百百種 坐姿會跟什麼有關嗎？

貓的坐姿很深奧

貓的坐姿百百種，而坐姿呈現的是他們當下的放鬆程度。越是感到緊張、不安的時候，就會是能夠立刻移動身體的坐姿。

後腳伸出來、身體側向一邊、只有頭抬起來的「側坐」是最放鬆的姿勢。什麼時候有這姿勢：「睡姿也行，總之是醒著的時候」。第二種姿勢是前腳彎曲放在胸下的「香箱坐姿」，有點小小的不安，不是百分之百放鬆的姿勢。以防萬一發生什麼的時候能夠立刻起身出動。

而緊張程度最高的姿勢是前腳併攏、背脊挺直的「埃及坐姿」。只要挺直腰桿便能隨時跑起來。比起尾巴在身體後面伸得直直的，尾巴把身體圍起來的緊張度更高。

了解貓在什麼時候會有什麼坐姿就能明白他們在什麼時候會感到緊張、不安了。觀察貓的坐姿是一門很深奧的學問。

沒問題

貓的放鬆程度表現在坐姿，
從坐姿讀懂貓咪的心情吧！

各種坐姿

坐姿是放鬆程度的指標。
從坐姿也可以知道他們是怎麼想來訪的客人的。

香箱坐姿

微小的不安，不是完全的放鬆。

獅身人面坐姿

只有前腳伸出來的香箱坐姿。
雖然不完全是香箱坐姿，
但是比較放鬆的狀態。

緊張程度高的坐姿

埃及坐姿

緊張程度很高

埃及坐姿尾巴伸得直直的

尾巴在身體後面伸得直直的，
表示有危險。

從正下方往上看
可以看到圓圓的肉球。

附有透明球的貓跳台，
就可以從各種角度觀察貓的坐姿。

最近很常咳嗽，沒問題嗎？

每天都在咳的話，潛藏著疾病的可能性很大

每天都在咳，而且咳個不停的話，就非常有可能是潛藏著某種疾病。

首先，是受到病毒感染的傳染性呼吸器疾病。一般稱作貓感冒，但實際上症狀雖然和感冒相似，可一旦鼻塞就會吃不下飯而越來越衰弱，這點絕不容忽視。

還有，可能是因為塵蟎、香菸的煙引起的過敏性喘息，嚴重的話會變得呼吸困難，相當危險。

甚至也有可能是寄生蟲引起的弓形蟲感染症、心臟肌肉異常的心肌症，或是因某種原因引起的肺水腫、肺癌也都會咳嗽。

一發現咳嗽，就請記錄下在哪個時間點？多久咳一次？一起帶去醫院給醫生看。

而咳嗽也分帶有痰的咳嗽、噴嚏形的咳嗽等各式各樣咳嗽。

如果不容易向醫生說明，就拍下影片給醫生看吧！

看診

絕不可輕易當作感冒來對待，有可能是其他疾病的徵兆！

我了解你的感受，從你小小的嘴巴出來的「咳」，
真可愛…可憐啊。

咳嗽的原因很多，
大部分都是潛藏著危險的疾病，絕不可輕忽，
咳嗽時請先幫他們保暖然後帶去動物醫院！

多久理一次毛才算正常？

貓舔身體是為了去除自己身上的味道

貓經常舔身體理身上的毛，是為了消除身上的味道。因為他們本來就是埋伏型的狩獵動物，體臭會很容易被獵物發現。所以，吃完飯、上完廁所才會舔身體消味道。

由於舔的動作是自我的肌膚接觸，因此貓在理毛之後，身、心都會很放鬆。也因為放鬆就會想睡覺。這也是貓理完毛後想睡的原因。

還有，從桌子上掉下來、稍微晃動到也會舔身體。這是因為他們本能的知道理毛能讓情緒穩定下來。

久久舔一下放鬆一下很正常，但也有的貓怎麼舔都無法靜下來。毛變少而且很清楚地看到皮膚，很明顯就是過度理毛了。必須找出壓力從何而來並給予處理。此外，飼主也必須常幫他們梳毛以分散注意力。

雖然每隻貓的頻率不同。但舔到看到皮膚就一定是異常了。可能是因為壓力。

舔到毛變少就可能是因為壓力或是疼痛，
從日常生活中發現其中的原因！

幫他們理毛是溝通的第一步。
這麼令人心情愉快的工作
只讓貓自己做就太可惜了！

突然在整間屋子裡全速開跑！可以讓他們就這麼跑嗎？

天天半夜開運動會

有的動物主要是晚上活動，有的動物主要是白天活動。夜晚活動的動物的生理時鐘設定是一到太陽下山就很有精神，「活力」滿滿。相反的，白天活動的動物的生理時鐘設定是天一亮就很有精神。

三更半夜開始跑的「半夜運動會」是貓自然地按照生理時鐘的慣性，不能阻止的。也只能放任他們自由奔跑，最久不會超過三十分鐘就會結束了。此時若將腳伸出棉被外面稍微動一下，就會被襲擊，所以，請不要亂動，等他們開完運動會吧。

就像人應該是白天活動，但也可能變成是夜晚活動，貓也是，他們的生理時鐘也會改變。和人類一起生活，就會和人類的就寢時間一起睡覺，早上和人類一起起床半夜運動會最多到2歲就會停止了。

會體驗到半夜運動會的時間不長，敬請享受其中並守護著他們吧。或是一起參與他們的運動會也是很棒的喔！

沒問題

貓的生理時鐘驅使他們這麼做，
不需擔心，就放任他們吧！

咚

從人類睡覺的棉被上面跳過去。請忍耐。

跑
跑
跑
跑!!
突然一起靜止，
一二三木頭人？
盯

隨著年齡增長，半夜運動會也會越來越少，
但如果有新來的貓加入，會再重新舉辦。

上廁所前和上完廁所會突然跑起來，為什麼？

從沒自由放養過

貓會突然跑起來與生理時鐘沒關係。上廁所前和上完廁所都會。突然在整間屋子裡跑來跑去，最後才跑進廁所尿尿或大便。上完後又從廁所跑出來，繼續在屋子裡跑來跑去。

野生時代，貓會離巢到其他地方去上廁所。從窩巢到廁所中間的道路一樣存在危險性。因此，貓會使出洪荒之力去廁所，再使出洪荒之力回巢。也就是說，廁所和活力是一道標準作業流程（SOP）。

那麼，養在室內去上廁所就不需要這麼地有活力了。可以推測因為是SOP，不使出渾身解術就無法上廁所。

所以，上廁所前為了發洩精力而跑來跑去，上完廁所同樣為了發洩精力而跑來跑去。飼主們發現這行為是在普及飼養在室內之後。自由放養的時代從未見過這行為。這是環境的變化改變了動物行動的最佳例子。

沒問題

靜與動 喵

在野生時代去上廁所需要用到洪荒之力，
至今，上廁所和釋放活力的SOP仍受其影響。

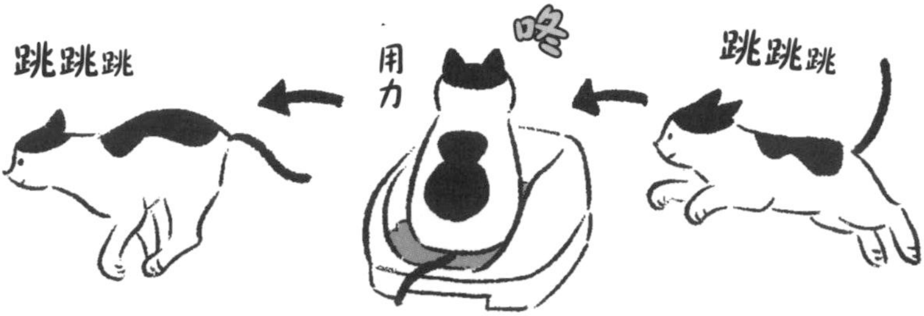

耳朵向後倒、嘴巴撅起來，突然向前衝，
到底發生了什麼事？真令人，啞口無言。

突然衝出去時，後腳用力一蹬連廁所都踢翻了。

想爬貓跳台卻爬不上去掉下來。是運動神經出了問題嗎？

貓也會失腳

貓喜歡站在高處。因為一眼望去盡收眼底才能讓他們安心。身輕如燕爬高跳低宛如忍者。「像那樣的貓也是會從高處掉下來的」其實是人類的誤解。正確應該是「像那樣的貓從高處掉下來是沒問題的」。

這一切都要拜像彈簧的肌肉、柔軟的身體、優越的平衡感所賜，他們才能在高處來去自如，也因為擁有那樣的能力，即使掉下來才能不慌不忙地應對。

其實，就算一鼓作氣想要爬上高處卻掉下來，仍舊是一副無所謂的表情。或是想往別的地方跳卻因為目測失誤而掉下來，基本上也是不會受傷的。一切都在他們的掌握之中。

只是，年紀越大，運動神經也會跟著衰退，當然也就會掉下來。有了一次那樣的經驗後，就不會再想爬了。因為他們已有所覺悟那是不可能做到的。如果看到貓只是望著高處而不爬的時候，請為他們打造一個安全的腳架。那將有助於提高老貓的生活品質。

Let's
經過觀察

年輕貓也會事先預測掉下來，所以運動神經沒有問題。
老貓因為身體衰弱也會掉下來。

跳
安全落地
哪個
哪個
好高…
跳
爬爬爬
安全落地

想幫壞脾氣貓的時候，請注意不要被抓傷了，
老貓有了一次掉下來的經驗就不會想再挑戰了。

叫聲很大，食欲也很旺盛，活力滿滿卻越來越瘦，為什麼？

隱藏在「超健康活潑」裡的陷阱

甲狀腺機能亢進是好發於老貓級以上的疾病。位於喉嚨的甲狀腺會分泌促進新陳代謝的荷爾蒙，當這荷爾蒙分泌過剩時就會發病。據說約佔10歲以上的貓的10%。

新陳代謝良好，活動力也很好。加上食欲也很旺盛，所以飼主很難發現他們生病了。「能吃就不擔心」其實有時是陷阱。容易興奮、叫聲也很大，覺得他們「很健康」，但不少飼主都掉入陷阱中了。

因為甲狀腺機能亢進需要消耗很多活力，所以無論食欲旺盛與否都會變瘦。毛也變得沒有光澤。症狀持續下去的話，食欲變差、體力也衰弱，更不停地嘔吐、拉肚子。

不過，這疾病是可透過血液檢查得出來的。7歲過後請定期做健康檢查，檢查時請確認是否有含診斷甲狀腺機能亢進項目。

Please
看診

或許是因為甲狀腺機能亢進，
請前往動物醫院檢查。

橘子好棒
吃好多！
怎麼吃
都吃不飽
喵…

通常飼主們的心理是只要貓有食欲就認為
他們很健康而放心。但有時那是個陷阱。

喵喵喵～
（飯還沒準備好嗎！？）
大聲喵喵叫
不是失智症

很多人會懷疑大聲喵喵叫是得了失智症。
重要的是需請獸醫師來判斷（關於失智症請參照 p.8）。

會對我以外的家人出聲威嚇，是精神不安嗎？

可能是還不適應新環境？

可能是被保護的貓，又或是才剛成為家人的貓！不管是什麼原因，他們都覺得你之外的人是「可怕」的。因為覺得可怕，才會拼死地說「別過來！」所以不是因為精神不安而威嚇，是因為人類的存在讓他們感到可怕才威嚇。請努力讓他們習慣吧！

首先，請勿太近看貓的臉。太近看會讓他們覺得在看他們的眼睛，對貓而言，這跟被不熟的人看眼睛是挑釁的意味一樣。都已經覺得「好可怕啊…」還靠近，所以會「瞪」你，貓當然會達到恐怖的頂點。

接著，就讓貓依他們的日常接近家人吧！重要的是無視於貓的存在。小心不要太大聲說話或發出聲響，剩下的就是，讓貓自由。請持續有耐心地打造無人在意貓的存在。當貓覺得沒有人在意自己的存在時，他們就會慢慢習慣了。總有一天貓會跳到你的膝蓋上，加油！

Let's
經過觀察

不是精神不安而是感到恐怖的威嚇，
首要任務是去除會感到恐怖的原因。

已經說了，不准過來！！！

怎麼都覺得恐怖的話，
也可以暫時把他們關進圍欄裡。
找到讓貓感到最安心的方法。

不去注意貓的一舉一動很重要。
只要斜眼瞄一下確認就行。

喉嚨咕嚕咕嚕地叫，一直這麼叫沒關係嗎？

不知道什麼開始的，
某一天就聽到了

幼貓喝在母奶的時候，母貓喉嚨咕嚕咕嚕地叫。幼貓也是邊喝喉嚨邊咕嚕咕嚕叫。咕嚕咕嚕的聲音是「有在喝嗎？」「有在喝唷」的幸福對話。而飼養的家貓，即使長大到成貓，喝奶的時候和同樣感到幸福的時候，喉嚨都會發出咕嚕咕嚕聲。溫柔撫摸、擁抱他們時咕嚕咕嚕，是因為讓他們想到在母貓懷抱的安心感。

至今仍不明確貓的咕嚕咕嚕聲是怎麼發出來的。目前最有說服力的說法是，因為當咽頭內的肌肉收縮時，聲波紋就會高高低低的，貓呼吸時空氣振動就會有那樣的聲音了。

另外明確可知的是，貓呼氣吐氣也會有咕嚕咕嚕聲，不過吸氣的音色和吐氣的音色略有不同，而睡覺時不會有咕嚕咕嚕聲。就讓貓咕嚕咕嚕地叫到他舒服滿意為止。只要一進入熟睡狀態，聲音便會立刻停止。

沒問題

貓感受到幸福氛圍時的咕嚕咕嚕，
就讓他們叫到舒服滿意為止吧！

咕嚕咕嚕咕嚕咕嚕
（都有在喝嗎！）
咕嚕咕嚕咕嚕咕嚕
（YA！）

咕嚕咕嚕咕嚕咕嚕
（想當年大家都好年輕）

喀拉拉咖（吐氣）
咕嚕咕嚕（吸氣）

吸氣和吐氣的聲音不一樣。

咕嚕咕嚕⋯（卡哩卡哩有點硬）
咕嚕咕嚕（好好吃喔）
???
聽不懂

除了感到幸福之外，
生病、受傷甚至快要死的時候，貓都會咕嚕咕嚕叫。
咕嚕咕嚕聲的震動在治好受傷的時候就不再出聲，
但詳細情形如何我不是很清楚。

想要摸摸他的肚子卻被嫌棄，是心情不好嗎？

別忽略了不會說痛的不舒服暗示

平常會讓你摸肚子的貓，如果表現出討厭、喵喵叫的話，有可能就是肚子痛了。

腹痛除了是消化系統或腹部內臟的疾病之外，因為沒尿尿，膀胱裡滿滿的尿也是會引起泌尿系統的疾病。

人類會說「肚子痛」，但是貓不會說。而且不到很痛很痛的時候是會一直忍一直忍，等到飼主發現就已經有點晚了。只要一發現異狀就請盡快帶去動物醫院。同時請記錄下「摸肚子被嫌棄是突然的嗎？不斷反覆此狀況嗎？一直感到不舒服嗎？」等具體症狀一起帶去醫院。

另外，在可知的範圍內彙整嘔吐、腹瀉、排尿的樣子等資訊。

腹痛的必要治療有外科的治療、內科的治療或是內外兩科都需要的治療。

Please
看診

有可能是腹痛，
除了消化器也可能是泌尿器的疾病。

不能做出讓貓有討厭的行為。

將背包型的貓背包
揹在身體前面
抱著會比較安定。

腳踏車會震動，要避免。

帶去動物醫院的路上，
不要讓貓在貓背包中感覺到震動，
鋪條毛巾、抱的方法也要注意。

一摸就驚嚇、被嫌棄，是哪裡會痛嗎？

激烈打架之後一定要檢查

家裡如果養2隻以上的貓，通常打架輸的貓都會身負傷痕。但打贏的貓身上也會受傷。而且也會很多我們很難發現的小傷，例如爪子的刺傷、牙齒咬的撕裂傷等等。

比起沒消毒乾淨的皮開肉綻的傷，因細菌入侵發膿時的膿腫成了大大的開放性傷口，更容易從小小的傷演變成大傷，不得不注意。很多傷是光用眼睛看很難看得出來的，不過一去摸他們的身體就被會嫌棄、感到疼痛。貓被摸到膿腫的地方會表現出討厭的樣子，而且皮膚會腫起來，應馬上有所警覺。

沒過多久，膿腫會破掉流出臭臭的膿湯。飼主很難自己做適當的處理，一旦發現就須立刻帶去動物醫院診察。醫院會將膿擠出來、清潔傷口並開立抗生素等藥方。

放任膿腫不管，膿腫裡的細菌會順著血液流到心臟・腎臟・肝臟等內臟，非常危險。

Please
看診

雖然是飼養2隻以上常見的事，要是沒治好打架造成的傷勢會發炎的。

不要以為「打架是貓們之間常有的事」，
需觀察打架後有沒有受傷、雙方都應該檢查。

是在玩的打架還是認真在打架，
從觀察他們平時的關係就大概可以了解。

突然跑過來咬我的手，越罵還越咬，該怎麼辦才好？

突然跑來咬飼主的手是他把飼主看成自己的兄弟姐妹，並暗示飼主「來玩喔」。

大聲斥責「不要咬」，在貓聽來反而覺得是「好的，來玩」的暗示，越加開心咬得更起勁。是不是有令人想哭的誤解？

手上淨是咬痕

幼貓都是跟一起出生的兄弟姐妹一起玩樂、一起長大。一起睡覺、同時起床、一起吃飯、一起活動。可是一起活動的時候，其中一隻會突然從後面撲向另一隻。這是「一起玩吧」的暗號。

被飛撲的那隻會反擊回去「做什麼！」而這就是「好吧！來玩」的暗示。於是幼貓們從此開始玩打架的遊戲。

只養1隻貓的話，貓會把飼主當成自己的媽媽或兄弟姐妹。會

沒問題

突然跑過來咬是「一起玩吧」的暗示。
不需要阻止他們。

嚇

雖說是誤會，
但拒絕一起玩的心情，就有點可憐了。

老鼠型
球型
有長長尾巴
的球型
唔～
小茗的手咬起來
比較舒服耶～

如果忍受不了被咬很痛的感覺，利用玩具等東西替換玩。
因為時間久了可能會被咬爛，建議使用天然素材的玩具。

門鈴一響就飛奔進櫃子裡躲起來，貓都是這樣的嗎？

怎麼叫都叫不出來

有些飼主對養貓很自滿且喜歡聽到來訪的客人說「咦？你有養貓啊？」有的貓是人類博愛主義，但有的貓看到陌生人就很激動。看到陌生人就很激動的貓飼主就會想，難道沒有可以改變貓的社交方法嗎？

是有方法的。首先是請客人靜靜地進屋裡。緩慢地移動。因為貓會對很大的聲音、慌張來去的人類有所警戒。然後裝作無視於貓的存在。請表現出對貓完全沒有興趣的樣子，繼續跟飼主聊天。當貓覺得人類對自己沒興趣而放心時，就會跟平常一樣開始移動了。只是這需要花點時間，請耐心等待。

同時也要拜託客人「請不要跟貓對上眼」。更絕對不可以因為同是愛貓人就呼喊牠的名字，叫牠過來。貓被陌生人直盯，是會將那視線解讀為殺氣的。當客人真的把他們當空氣時，貓咪才會真正放下戒心喔。

有的貓看到陌生人會很激動，
好好地把貓變成有社交能力的貓吧！

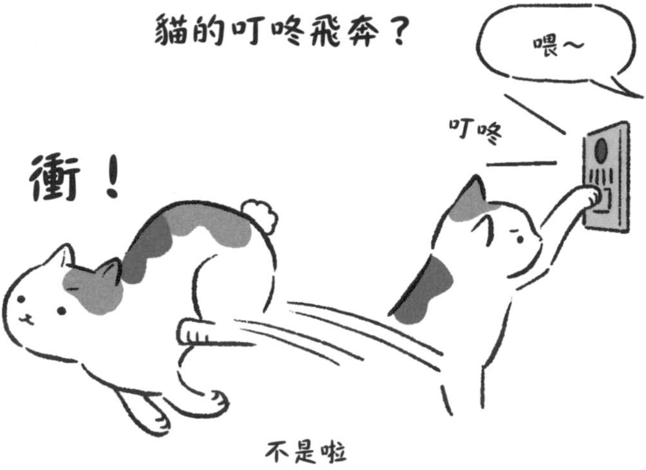

被陌生人盯著看，對貓來說是帶有敵意的。

最近老愛躲在暗處就不出來，這是得了憂鬱症的前奏吧？

叫他的名字也都完全沒反應

貓超愛又黑又窄的地方。把自己關在壁櫥裡的兩條棉被中間、床舖底下、衣櫃裡面等處。任憑主人怎麼喊就是不出來。雖然會擔心關在裡面真的好嗎？但如果是睡得很香甜就可以放心了。而且會在你沒注意到的時候出來吃飯，這種怎麼叫都叫不出來的情況倒是蠻常見的。

不過，身體不舒服的時候，貓是真的會躲起來。飯也不吃、水也不喝，就一直睡一直睡。有新來的貓、換了室內擺設的樣子等，對貓來說都是很大的變化，如果在那之後會把自己關起來就要注意了。

尚未證實貓會不會得憂鬱症，但可以明確知道的是環境變化會讓貓變得沒有精神活力。無法適應環境的變化，身、心出現異常。幾天後就會恢復，這時則需要比平常更多的肌膚接觸，並請觀察他們的狀態。如果超過一個星期還是沒什麼精神就要去動物醫院問問醫生了。

Let's
經過觀察

尚未證實貓會不會得憂鬱症。
但如果不僅會躲起來，還不愛吃飯的話就要注意了。

貓原本就喜歡待在又黑又窄的地方。
憂鬱症？不是的，就只是喜歡待在那裡而已。

在喜歡的地方輕鬆地做自己。這就是貓。

總覺得和平時不一樣，沒什麼精神，好像哪裡出了問題

主人因時常關照著貓，任何徵兆都逃不過

不僅僅是貓，動物們即便身體不舒服，仍舊會精神奕奕的。因為在自然界中，當自己弱的一面被其他動物知道的話，是會招來襲擊的危險。就算如此，還是會透露出「沒活力」的徵兆。平常就在觀察貓的主人應該很容易就看得出來了。

飼主也應該要能發現喊他們時沒有立刻過來、跟他們玩也都提不起勁等微妙變化。一有任何發現就請仔細檢查他們的健康狀態。食欲、排泄跟平常有沒有不同？有沒有嘔吐？嘔吐的次數？呼吸的樣子等都要記錄並觀察。

就算獸醫師說「沒什麼精神」「臉色很差」也不會難於判斷。也能知道該檢查哪裡。有了具體的情報就能獲得正確的診斷。

其他細微的異狀也可能潛藏著重大的疾病。飼主的「哪裡怪怪的」就能百分之百的拯救貓了。飼主的「第六感」正是證明數據的最佳手段。

Please
看診

正因為是生活在一起才能發現。
一有什麼不同就請勿忽略！

平常總愛爬到上面來的！

「哪裡怪怪的」的直覺很重要。
平常就要多觀察貓的樣子。

不吃飯嗎？
掉毛了？
呼吸呢？

確認食欲、排泄、有沒有嘔吐、呼吸、毛況、皮膚的樣子。

好像被一起生活的貓欺負。擔心是不是心靈受傷了

感情到底好不好，完全摸不著頭緒

飼養2隻以上的貓，也是會有貓際關係不好的時候。只是，要看出他們之間的感情好不好可沒那麼簡單。因為這和人類的情況有些不同。

一隻追著另一隻跑，也不見得是感情不好。因為，他可能是在確認對方的力量。如此一來才能建立良好的關係。另外，也不能說他們完全不打架就是感情好。因為他們無視於彼此的存在，總會自己想辦法如何一起生活。

而明顯的感情不好是一隻追著另一隻跑的時候還帶攻擊，被攻擊的貓因恐懼而蜷縮在角落一動也不敢動，且這狀況會持續很多天；或是完成去勢的貓會站著噴尿（請參照P126）。這是為了緩和不安的情緒而噴尿。無論是哪種情況，放著不管都可能從壓力變成疾病。要是擔心他們感情好不好，就利用籠子把他們分開，打造各自自由生活的環境，觀察一下他們的狀況。

Let's
經過觀察

仔細觀察那2隻的樣子再下判斷。
有時把他們分開也是必要的。

被攻擊、壓力達到頂點！必須處理。

也不要忘了幫他們打造
被追時能逃跑的場所。

怎麼都無法解決時，要把貓放在第一位思考，
把其中一隻送去給鄉下的爸媽養。

最近常在家裡走來走去的！

看起來很不安，有點擔心

若是老貓，就要懷疑是不是失智症。失智症會引起方向障礙所以才會走來走去。明明是一直生活的場所，卻會認不得自己身在何處而走來走去，就跟患了失智症的人類是同樣的狀況。

如同在P8所說的，一旦懷疑是失智症，首要任務就是帶去動物醫院檢查，請先記住，被確認是失智症時，也不要寄望能完全治好。因為接下來還要一起生活的心理準備很重要。

飼主能做的是思考些什麼吧！

第一，有能抑制惡化的保健食品，請和動物醫院商量。第二，改善環境。請注意對他們安全、安心的環境。當他們走來走去時，突然去摸他們的話，會讓他們受到驚嚇，請先出個聲再輕輕地抱起來。他們大聲鳴叫時也一樣，不要斥責他們，請溫柔地跟他們說話。聲音太大、味道太重都可能是造成壓力的原因，請多留意。

Please
看診

若老貓就要懷疑是不是因為失智症引起的徘徊，讓貓感到安心的接觸與環境很重要。

有的貓無法忍受突如其來的噪音。
請試試關窗、換隔音窗帘等對策。

千萬不要太常洗他們愛的布偶或毛巾。
若要用清潔劑清洗，
也要避免使用味道太強烈的。

叫名字很重要。
看他們是不是聽得懂，就能放心了。

注目！
訪問了在社群網站上
超受歡迎的愛貓網紅們

Part 2

從我家的貓可以知道這疾病・那疾病

追蹤人數超過1萬人的愛貓網紅們的愛貓都是什麼樣子的呢？訪問了他們如何從他們的動作了解令人意外的疾病的實例。

玉子
（母貓 6 歲）

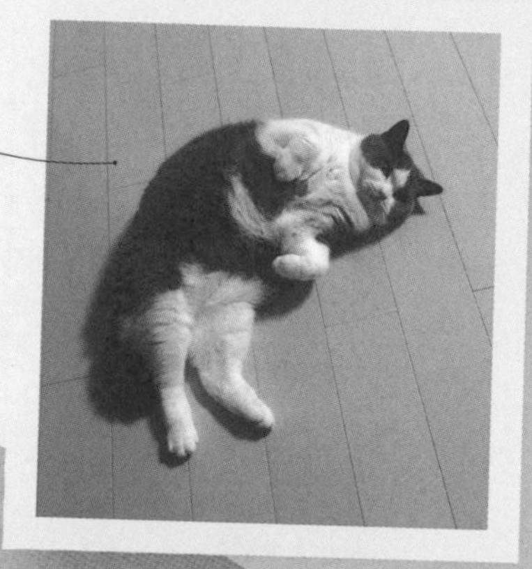

常喵喵叫

變得很常去上廁所，而且也沒出現什麼異狀，帶去醫院檢查的結果是膀胱炎。（by Meg）Instagram/@tamako_otama

阿步
（公貓 4 歲）

一直去尿尿

一直去尿尿、常舔胯下、還出現血尿，一去看診發現是尿路結石。（by poyumi）Instagram/@pote_chan_pote

咬指甲、不停地理毛

上：小鈴
（母貓 7 歲）
下：美羅
（母貓 6 歲）

白貓小鈴會有這動作是發現他指甲與指甲之間、指頭犯癢，覺得他這情況和過度理毛一樣，便帶去做過敏檢查，果然檢查出過敏反應。因此開始了免疫療法、飲食療法等所有能做的治療。注重在調理腸內環境之下，雖然沒有完全治好，但在用了抗組織胺藥和整腸劑後已獲得控制。而美羅則是因為他吃的東西樣子很怪帶去做血液檢查，結果是胰腺炎。（by miraberu）Instagram/@harapstar_vega

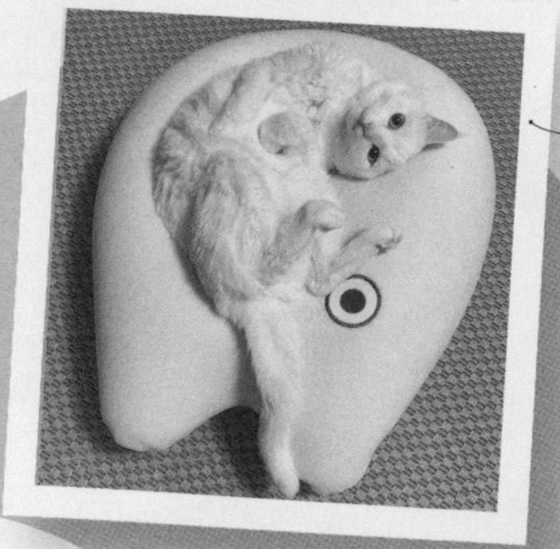

小白
（公貓 7 歲）

大便後就一直舔屁屁

在大完混有很多掉毛的便便後，就一直舔屁屁。而最近因為掉毛的關係，大便還黏在屁屁就從廁所跑出來，我想可能是因為換毛期，理毛時就把毛吃下去了吧。（by dennko）Instagram/@hakusama0906

左：小利
（公貓 6 歲）
右：夢
（母貓 2 歲）

持續像是嘔吐的動作

在加入新貓-夢的一週後，原先的貓-小利就變得常有嘔吐的行為，聲音也發不出來了。帶去醫院做了各種檢查，也找不出原因。醫生開了止吐藥和其他的藥，但也吃不好，大約又過了 1 個月左右就不吐了。小利的個性比較膽小內向，可能是因為夢來造成他的壓力吧。（By rikumonmama）Instagram/@pinchi0718

黃豆粉
（公貓 6 歲）

上廁所的次數多了，也常理毛

發現他每上完廁所就很在意自己的屁屁四周。理毛也變得異常地多，檢查結果是尿路結石。（by manami）Instagram/@fuwari_kinaco

第3章 日常生活中的動作

本章將解讀和貓一起生活的每一天中令人在意的動作。

抓棉被

你是狗嗎？

沒咬就整個吞下

老是跟在我後面

會不會睡太多了？

好大的打呼聲

離別的時候
隨隨便便地
大在廁所外面!?
咚
喝多尿多
頻尿
噴的尿好臭
沒食欲
常吐
可能是便秘
不喝水
喵喵～喵～喵
中午的拉麵～
昨天的股價啊…
你是不是胖了？
會回答我
躲在衣櫥
裡面不出來
不跟逗貓棒玩
失望
喵—
要跟我說話
那個

我上床準備睡覺時，會來抓棉被，那是「我也要進去」的暗示嗎？

幫他掀開棉被也不進來

野生時代，貓都是利用樹木洞穴、岩石縫隙作為睡覺的場所。在他們地盤裡面也一定會有幾處的睡覺地方堆了草或葉子。所以，他們進去之前會在入口附近抓啊抓，把草或葉子移開。而這習性遺留到現在，才會在鑽進棉被前抓抓抓。

貓在枕頭邊抓棉被，以為是「我也要進去」的暗示就幫他掀開棉被。也因為飼主的誤會，讓貓輕輕鬆鬆地鑽進棉被裡了。

可是，是不是也曾有過這樣的情形：把棉被掀開時，貓的頭上、下、上、下地轉動打量著棉被裡面，就是不進去呢？掀開棉被的那隻手都已經舉酸了「快進來啊，齁…」？這「進去嗎」「不進去嗎」的猶豫也是從野生時代遺留到現在的習性。會觀察裡面的樣子是因為他們覺得可能有其他的動物躲在裡面。掀開棉被時形成的黑暗洞穴讓他們想起野生時代的樹洞和岩石縫隙了。

沒問題

野生時代遺留至今的抓抓抓習性，讓飼主誤以為是「我也要進去」的暗示。

一模一樣！

鑽進被窩時的習性遺留至今。

要不要一起睡由貓決定。飼主沒有選擇權。
只是抓抓抓一點也不想進去

任何時間看到他都是在睡覺，再怎麼會睡，也睡太多吧？

貓和人類的睡眠樣式不同

動物都他們自己的一天睡眠時間。例如人類需要7～8小時、大象3小時、貓14小時。一般來說，大型草食性動物的睡眠時間較短，肉食性動物的睡眠時間較長。因為大型草食性動物食量大，進食時間佔據了睡眠時間，所以睡得少；而短時間內狩獵並將獵物一口氣吃下肚的肉食性動物，也因此就有很多時間享受充分的睡眠。

貓除了睡14個小時，其他時間都在外面自行打理自己的生活。但飼養的貓因為不需狩獵就睡得更久。再說因為廁所、睡床都離得很近，養在室內的貓更會睡。會睡到20個小時吧！而且隨著年紀變大，睡更多。15歲以上的貓會睡到22個小時。

每種動物睡眠時間的長短，遺傳自代代祖先。再加上環境條件而演變過來。人類的睡眠時間也有變化。無論如何，貓沒有睡太多的問題，請不要打擾他們，讓他們安穩地睡吧！

貓的睡眠樣式很多元，
只要不是生病，就不是睡太多。

通常他們在棉被裡睡得暖暖之後，爬出來在冷冷的睡床上重新調整繼續睡。

各種睡姿

睡覺時會打呼，而且還越打越大聲！

誰在打呼？原來是我家的貓，嚇我一跳！

會打呼的貓常見於異國短毛貓、波斯貓等塌鼻的品種。老貓也很常打呼。如果是輕輕的持續的呼聲就不需擔心，但要是變得很大聲的嘎嘎聲，最好帶去動物醫院檢查，可能是潛藏著什麼疾病。

貓的打呼和人類的打呼位置不同。人類是因為咽頭變狹窄造成的打呼，但貓則是因為鼻腔變狹窄造成的震動音，聽起來像打呼。但肥胖貓的打呼是因為脂肪壓迫到氣管造成的。鼻腔變窄是因為香菸的煙、花粉等過敏原引起的過敏、貓感冒引起的鼻炎。偶爾也會因為鼻腔膿腫而打呼。

如果檢查或治療需要麻醉時，務必將打呼這件事告訴獸醫師。口腔和喉嚨的構造起了變化的情報有助於醫生判斷。

Let's
經過觀察

塌鼻貓較容易打呼，胖貓、老貓也會打呼。

從小小的鼻孔出來的呼呼～吐氣聲很可愛，不過「嗚嘎～」是！？

打呼貓要接受治療時，第一步請先問獸醫師要不要麻醉。

尿尿、大便都很隨便，明明有廁所的，為什麼？

尿尿、大便掉在廁所外面

貓不會在髒了的廁所排泄。首先要幫他們保持廁所的乾淨。如果一天要大2次便、尿2次尿，就需要打掃廁所4次。如果沒辦法打掃那麼多次，就準備一個大一點的廁所或是多準備幾個廁所吧。飼養很多貓時，最少要準備貓的數量＋1個廁所，當然越多越好。

因為貓對味道很敏感，排泄後會聞很多次味道直到感到安心，接著才用貓砂把排泄物蓋起來。排泄物一點味道都沒有了，才會安心地離開，沒能讓他們安心的廁所，貓是不會再去使用的。因此，請放多一點貓砂在廁所裡面。只要貓能放心排泄，就沒必要更換貓砂的種類。

也要重新思考放廁所的地方。人類經常經過的場所不會讓他們安心。雖說為了儘早發現疾病且有必要觀察排泄狀況，但直盯著看會讓他們緊張。找個能偷偷地觀察並能讓他們安心上廁所的地方吧！

加油

廁所髒了的話，貓就不會在裡面大小便。準備貓的數量＋1個貓砂盆。

不能在這裡大啊～老是大在廁所外面。

解決方法就是「貓的數量＋1」。

突然從正後方噴尿出來，受害極深。而且還很臭！

牆壁、傢俱都慘遭荼毒！

狗尿尿的時候，母狗蹲著、公狗單腳站著，但是貓無論公母都是蹲著尿。不過也是有貓站著、屁股朝牆壁等處噴尿。這是貓感覺到不安時的動作。沾上自己的味道才能安心。即使是正在做結紮手術也一樣會噴尿。公貓母貓都一樣。

主要會讓貓感到不安的情況有：走出自己的地盤、有入侵者進入到自己的地盤、和同處一室的貓失和。而飼養在室內會噴尿的原因以和同處一室的貓失和居多。

因為貓彼此之間失和不會表現在臉上，所以飼主比較難以察覺，就算沒打架也不見得感情好。當飼養二隻以上的貓，而且開始有噴尿情形時，絕對是感受到壓力了。請仔細觀察並阻止原因的發生。

貓原本就是獨居的動物。不需要同伴，切記有的貓是養一隻比較幸福的。

Let's
經過觀察

站著向後排尿的噴尿，無論公母都會在感到不安的時候出現此動作。

噴出來的尿到處流，蒸發後擴散出強烈的味道。
對噴尿最感到困擾的就屬寢室了。
尤其是棉被。可鋪上看護人類用的防水墊等物品！

將感到壓力的貓放入只有自己的籠子裡也是一個好方法。

在廁所裡很出力，但什麼也沒大出來，便秘嗎？

貓的年紀越大越容易便秘

只要每天觀察貓，就可以知道進去廁所是尿尿還是大便。很明顯地是要大便卻什麼也沒大出來就一定是便秘了。即使有大出來，但大便是一顆一顆的，或是排便時因為痛而喵喵叫的話也是便秘。越是高齡的貓越容易便秘。如果超過二天沒有大便，就要去動物醫院找醫生商量了。

便秘的原因有水分不夠、廁所有問題、因年紀大的腸蠕動變差、腸和神經等異常，首先請先調整飲食內容。以水分多的湯食、含有膳食纖維的乾食取代看看。也可請動物醫院介紹適合的食物和保健食品。

放著不理的話，大便會在腸內變得像石頭一樣硬，到時就需要開刀解決了。決不可輕視不過是便秘而已這件事。能每天排便順暢很幸福，貓和人類是一樣的。

Let's
經過觀察

用力就是有便意的證據。有便意卻大不出來就是便秘。

沒辦法在
這地方安心上…
討厭這貓砂
所有的腳都站在
廁所邊緣，
太令人驚訝了！

也是會有不喜歡貓砂、廁所的樣式、
廁所放置的場所而不進去的情形，請多觀察。

大便吧～
大便吧～

「大便吧～大便吧～」像在說咒語般的
同時用順時鐘按摩肚子。
腸道運動方向是面對貓肚子的方向。

最近好像很頻尿，經常跑廁所，但好像都沒尿出來？

觀察上廁所情形是健康管理的第一步

進入廁所擺出尿尿的姿勢卻沒尿出來，理由有二。一是有尿，但因為尿路結石等疾病把尿路堵住了；二是腎衰竭或是中毒等原因，導致腎臟功能變差而無法製造尿液。無論是哪一種情形，只要24小時以上沒有尿尿，狀態就非常緊急了。一發現沒有尿，請立刻帶去動物醫院。放任不管的最糟結果是引起尿毒症。

為能及時察覺排尿情況，養成觀察廁所使用狀況就顯得很重要。因此，請將廁所放在你的視線範圍內。

雖然多數人會放在眼睛看不到的地方，但那就無從觀察起了。放在你看得到的客廳一角，而且是能讓貓安心上廁所的地方。最近的貓砂都具有絕佳的消臭效果，不用擔心。另外，如果直盯著貓看貓會緊張，請當作沒看見，用餘光觀察。

可能是膀胱炎或泌尿道灼傷等疾病導致尿道阻塞，
請立即前往動物醫院！

頻繁地進去廁所耙貓砂也需要注意。
特別要注意公貓，他們的尿道前端很窄，容易變成尿路阻塞。

儘量讓他們多喝水。

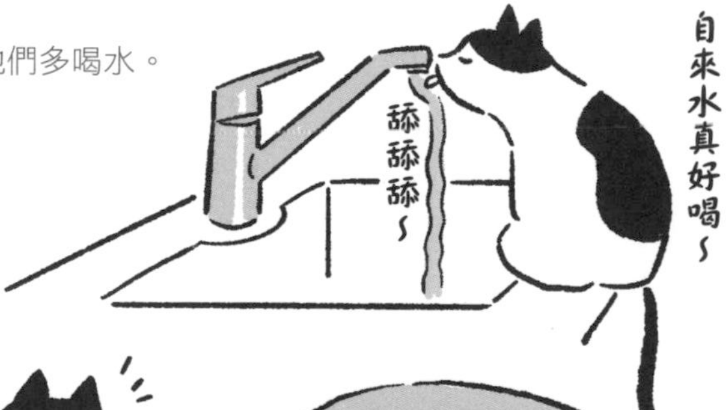

健康檢查時，也可以把尿帶去一起檢查。
用抽屜式廁所回收尿液就簡單多了。

狼吞虎嚥，擔心他們到底有沒有咀嚼

沒咬就吞下去了嗎？

動物以食性來分，可分肉食性動物、草食性動物和雜食性動物。貓是百分之百的肉食性動物，所需的養分全來自獵物。大象、鹿、兔子等是吃草、樹枝、葉子的草食性動物。而我們人類則是吃肉也吃蔬菜的雜食性動物。

依食性來看，吃的方法也不同。肉食性動物是吃獵物的肉。草食性動物是邊左右移動下巴邊磨碎草、樹枝來吃。雜食性動物則是用臼齒咬碎來吃。咬碎又稱咀嚼。也就是咀嚼只有雜食性動物會。

貓的臼齒前端尖尖的，上下的臼齒也咬合不正，上方的臼齒靠近臉頰，形成上下錯開的樣子。這和我們的門牙錯開是一樣的。貓的臼齒會將食物咬碎成適當大小再吃進去，這和我們的門牙咬碎入口的食物相同。

拿一塊生魚片給貓，貓的臉會偏向一邊用臼齒來咬，這時他們就會咬成容易入口的大小，然後直接吞進去。

沒問題

貓是不咀嚼的動物，「不咬直接吞下去」是貓的正確飲食方法。

貓沒有咀嚼就吃，所以吃很快。
吃進去的肉會被強力胃酸消化掉。

貓的牙齒構造

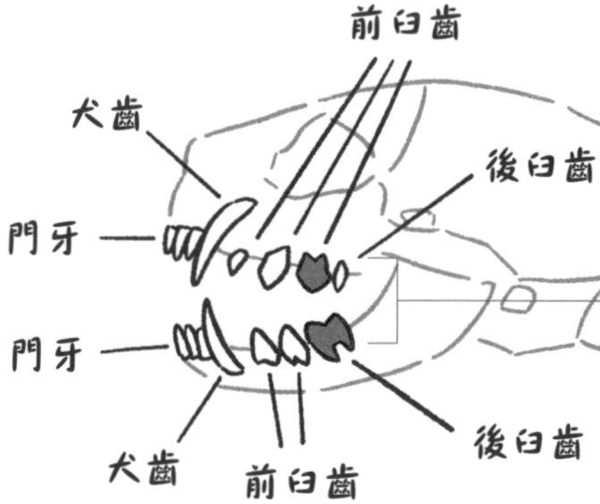

從上面數起的第三顆前臼齒
和下面的後臼齒相互摩擦，將肉咬碎。

從前面來看
左側的臼齒

上下方的臼齒咬合
不正，是錯開的。

吃的時候像是剪刀
把食物剪開

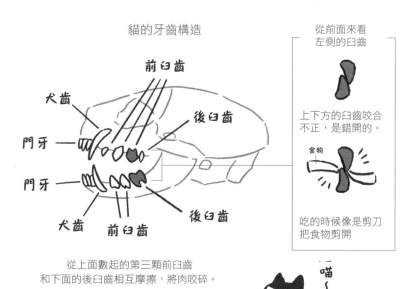

明明很有活力卻沒有食欲，看也不看一眼他喜歡的食物

喜歡還是討厭？還是吃太多了？

生病了、沒有任何生病的症狀時，如果貓已經很多天什麼都沒吃，請確認他們的大便。大便的形狀和量都跟平常一樣的話，可能是在飼主不知情的狀況下吃了。這對放養的貓來說，並不是什麼奇怪的事情。

養在室內就要跟其他同住家人確認一下了。可能是有人拿了好吃的東西給他們吃。

明明很有活力卻沒有大便，代表他們沒有吃東西。也可能是因為毛球的關係。不是胃裡的球狀毛球，而是在腸子裡的長條狀毛球。在腸子裡移動需要時間，所以長時間沒有食欲，這可能就需要醫生來處理了。

持續食欲不振恐怕會引起脂肪肝。因為食欲不振造成應該被分解的脂肪反而堆積在肝臟，結果引發肝功能障礙。要是不斷嘔吐、拉肚子，務必立刻帶去醫院檢查。

Let's
經過觀察

如果只有一天沒吃，而且還很有活力就不需擔心，很多天沒吃也還很有活力就要注意了。

有時換個心情也很重要

最近常嘔吐，以為是毛球但不是

貓咪吐的時候，不要不管他，如果只是認為「嘔吐是貓的日常。不過是吐毛球而已」是很危險的。即使只是為了吐毛球出來，胃液還是會通過食道造成胃食道逆流。對付毛球的方法是想辦法讓它和大便一起排出來。利用含有豐富膳食纖維的化解毛球食物。市面上都有販售乾食和濕食兩種。

日常飲食造成的嘔吐也不常見。如果要給他們從沒吃過的食物時，請讓他們試吃4週觀察看看。這期間沒有嘔吐也沒有拉肚子就是沒問題。

還有，也有因生病造成的嘔吐。例如：以消化器系統和泌尿生殖器系統為中心的臟器受到刺激引起的反射性嘔吐、毒物或是細菌的刺激引起的嘔吐、腦受到傷害引起的嘔吐等等。

持續不停的嘔吐會消耗體力，造成全身狀態的惡化。請儘早帶去動物醫院檢查。那時請將嘔吐物和大便一起帶去給醫生看。

Please
看診

嘔吐中潛藏著像是消化器系統和泌尿生殖器系統的疾病，千萬不可大意！

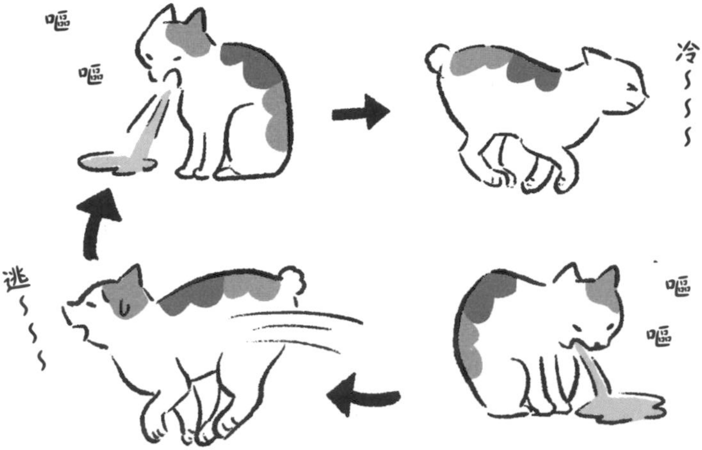

有的貓嘔吐後會跑來跑去。

經常檢視嘔吐物內容和嘔吐頻率。
如果和平時不一樣就要去動物醫院！

不太喝水，萬一脫水了怎麼辦？

一早放的水都沒什麼減少

先了解貓一天該喝多少水吧！受到年齡、活動量、食物種類、季節等各種條件的影響，飲水量不盡相同，但只要在一年內測量幾次便可窺全貌。

例如早上8點，用量杯量水倒入水杯中，隔天早上8點再量剩下多少水，就可知道一天喝了多少。季節、天候等條件不同的日子裡，多量幾次大概就可以知道飲水量了。若也能將天候、氣溫、濕度等記錄下來，就是一份相當有幫助的完整資料。

要是發現貓沒喝水，做同樣的檢測就能得到正確答案。

此外，要知道是否是脫水狀態，平時就要有意識地去撫摸貓的身體。就算一開始摸不出來，假以時日一定會感覺出「和平常摸的感覺不一樣」。雖然是感覺檢測，但事實上卻是最為可靠的方法。人類的手心、指尖很敏感，能感覺得到細微的變化。

就讓我們用正確的資料、敏銳的感覺來守護貓的健康吧！

Let's
經過觀察

平時就要多多去觸摸貓的身體，便可知是否是脫水狀態。

水盤裡的水沒減少，可能是從其他地方補給。
盆栽、浴室、廚房、廁所也要確認！

用有刻度的水盤
檢查喝水量！
看一下眼睛！
毛的光澤～
嘴巴張開啊～

檢查貓的飲水量、撫摸的感覺等等。

一直喝水，上廁所的次數也變多了

典型的初期症狀是多喝多尿

11歲以上的貓約35％會有慢性腎臟病。腎臟功能逐漸衰退，最後造成腎衰竭。據說貓原本是居住在半沙漠地帶的動物，有著不太喝水的習性，為有效利用水分，會將尿液濃縮後再排泄出去，也因此造成腎臟的負擔，但事實如何並不明確。

表現在初期症狀的是大量喝水、一直跑廁所的多喝多尿。這也是糖尿病的初期症狀，但慢性腎臟病的可能性較高。一發現多喝多尿就請立刻帶去動物醫院檢查。雖然慢性腎臟病無法治癒，但持續給藥是可以讓他繼續過著安穩的生活。

重要的是早期發現早期治療。因此，必須做定期健康檢查。此外，還要留意平時的喝水量和尿的次數。更重要的是不要將人類吃的食物給貓吃，因為對貓來說，人類的食物鹽分太高，會造成他們的腎臟負擔。

Please
看診

疑似腎臟病。可以說是貓最容易罹患的疾病。
須看診檢查！

剛是誰進去的？

飼養 2 隻以上時，很難掌握每一隻的上廁所次數。
將廁所放在客廳角落，就可常觀測並了解他們上廁所的情形。

贊成！
趁小茗沒看到的時候～
要不要吃吃看？

絕不可能讓貓吃到人類的食物的機會。

最近，連喜歡的逗貓棒也不愛玩了 這是為什麼？

曾經是那麼的熱愛

動物玩樂是在成長過程中的必要練習。因為是練習，在變成高手前會相當熱衷，一但上手就覺得膩了。於是出現「給我另一道課題」的情形。

例如再買一支新的逗貓棒。這支逗貓棒要跟舊的有不一樣的動作才能引起貓的興趣。如此一來，貓一開心就會跟著逗貓棒一起動，再次熱衷於其中。又玩了幾天後，覺得自己很厲害了就又膩了。任你怎麼揮動逗貓棒就是不來玩。

這時只能開發新的玩法。重點是「思考以從未有過的動作來吸引貓動起來」。此時就需要比之前難度稍微高一點的動作，貓就會充滿幹勁地買單了。

不要以為隨便揮揮逗貓棒就行了。持續同樣的動作只會讓貓失去興致。應該要設計新的動作且隨時提高難度，同時也是考驗人類的智慧。

一陳不變的玩法會讓貓覺得膩，
必須隨時提高玩法的難度。

「又是玩這個？」地大大嘆了一口氣，讓飼主相當失落。

逗貓棒不是貓的玩具，而是為了讓貓玩起來的人類使用的道具。
選擇能活動自如的逗貓棒吧！

丟玩具讓貓撿回來，飼主是不是有錯誤的期待？

總是放到他們愛的地方

貓會把獵物銜到安全地方再吃。如果附近沒有安全的地方，就銜到巢穴去吃。即使被人類飼養，還是保有這習性，放養的貓就會把蟬等銜回家來。養在室內的貓就會把玩具等東西銜到他們的陣地。因為那裡是他們的地盤，最安心的場所。

這習性轉變成和飼主一起開心地玩。貓去追丟出去的東西，再把它銜回來的遊戲。因為貓會把它帶回自己的陣地，只要飼主等在那裡，貓絕對會把它銜回來放在飼主面前。接著再繼續坐在開始丟擲的地點，邊看著飼主的臉邊期待著。而且，貓是會自訂和人類之間玩的遊戲的規則，並遵從遊戲規則的動物。飼養在室內的貓擁有這能力就越高。

貓在嚐到和人類一起玩的樂趣後，就會制定出各種遊戲。略微複雜的規則也難不倒他們。因此，和貓玩的遊戲不會只侷限於逗貓棒。

沒問題

優秀的貓。打算將獵物帶回巢穴。

若只是假裝丟東西出去，貓就會一直抬頭看等著，很有趣。

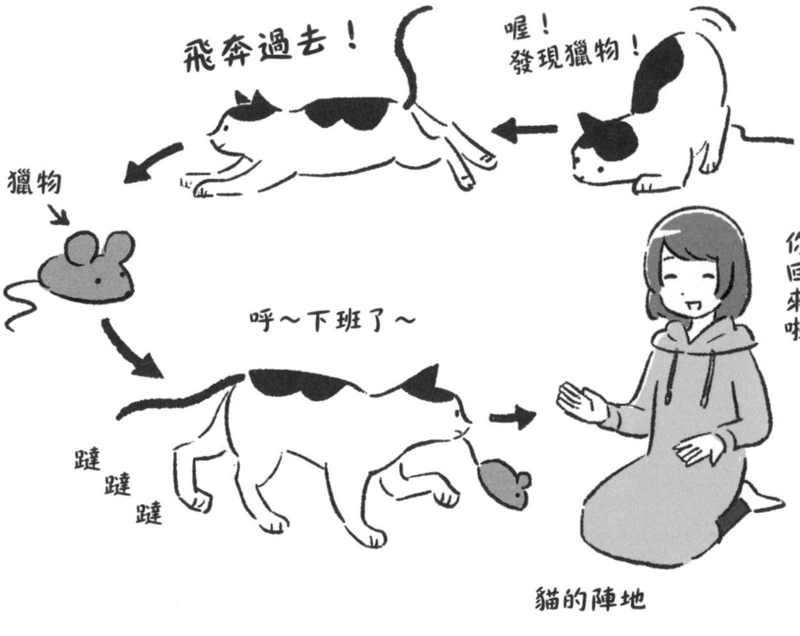

有的貓有收集癖，會在三更半夜把東西銜到自己的地盤。

沒發現把貓關在衣櫥裡就出門了。要立刻趕回家嗎？

傷腦筋要不要趕回家

打開衣櫥貓就躲進去是常有的事。因為貓很喜歡待在這樣的地方。因為喜歡才鑽進去，就不會那麼容易出來了。準備出門前手忙腳亂的，就順手把門關了起來也是常有的事。等到上了捷運才想到「我好像…」該怎麼辦？我應該抱著遲到的覺悟趕回家嗎？

就結論來說，趕不趕回家都沒關係。因為，貓絕對是發現衣櫥裡睡起來舒服的地方而睡起覺來了。只要不叫醒他，可以睡得很久。而且只有人類的小孩會覺得被關在裡面很恐怖。對貓來說那是個極為舒適的睡覺場所。

只不過，經過5～6個小時，貓想上廁所的可能性很大。能忍得住飢餓但憋不住尿。想出來尿尿，到處抓呀抓的結果就是就地尿出來了。

如果你不介意他在衣櫥裡面尿尿的話，就不需急著回家。只要抱著整理可能被尿慘的衣櫥的覺悟就行了。

沒問題

貓喜歡鑽進狹窄的地方。
如果不在意被尿尿的話，就不需急著回家。

和人類不同，不會覺得「被關起來很恐怖」。

養成出門前用手指確認火源和貓的習慣。

如果不理貓對你的「哈囉哈囉」呼喚，會被討厭嗎？

被貓折騰的喜悅

不理貓的「哈囉哈囉」呼喚的理由是什麼？是太忙無暇理會？還是訓練的一環？不過，養貓這件事本來就會因照顧而變得忙碌起來。這忙以及被貓折騰的煩躁，不也是一種喜悅！無視呼喚的貓就是否定養貓的樂趣。

如果持續無視於他們想要被關心的呼喚，貓就會學到「這個人不關心我」，漸漸地就不會再呼喚你了。當期待逐漸落空，也不再期待愛與羈絆。到時，貓和人類生活在冰冷關係之中會快樂嗎！無法享受到與人之間的羈絆的貓，很可憐。

因為忙而無視貓的要求，這是千萬要不得的行為，如果真的沒有時間，那麼至少請用聲音代替肌膚接觸。然後再跟貓說「剛才太忙沒空理你」來回應貓的期待，過著被貓折騰的忙碌生活，享受和貓在一起的幸福日子。

雖不討厭卻也不再期待，
不再期待會演變成冰冷的關係。

持續忽視他們，有的貓就會使出強硬手段！

越是拒絕貓的要求就越忙，到底是為了什麼？
和貓一起生活就是忙。享受那種忙也是養貓的醍醐味。

跟他說話有反應，貓咪聽得懂人話嗎？

靜靜地聽著，「聽得懂的樣子」

對貓來說，主人穩健的說話聲音是舒適環境的重要因素。雖然看起來像是聽得懂話，實際上只是沈浸在宛如療癒的背景音樂中。有的貓會很完美地在話的頓點回應「喵」「喵」，但並非是理解說話的內容。同樣的，跟他聊政治．經濟的話題也會回應你。

只是他們不會覺得煩。重要的是，一起度過平靜的時間。說什麼都不是重點，請用帶有感情的溫柔語氣慢慢地說。貓會全盤接受那氛圍的。

當然也有的貓一直喵喵叫，完全不知道你在說什麼。這時請你反過來，穩健地去回應貓。慢慢地溫柔地跟他說「怎麼了？是喔～」「嗯～，原來如此」。通常貓喵喵叫就是在表達有什麼不滿，這時溫柔的回應能使貓的心再度安穩下來。

除了撫摸、擁抱的肌膚接觸之外，聲音其實也是一種很棒的肌膚接觸。

兩人的世界

只是沈浸在平穩的氛圍中，聽不懂說話內容的。

認真看電視並不是看得懂內容喔！

哪怕是訓話，只要聲音穩健，貓也是會靜靜地聽你說。
沒有觸摸到他，聲音也足以作為肌膚接觸。

在我後面，我走到哪就跟到哪，是覺得寂寞嗎？

做什麼都要一起

出生的幼貓在他們看得見、聽得到後，就會離巢探索周遭環境。邊探索邊學習認識自己生活的世界。但是他們不敢隻身一人去探索這未知的世界。因此，幼貓們就會全員一起行動。全員一起出發，只要有一隻潛入縫隙，其他隻就會跟進，最後全部都潛入進去。有一隻爬樹，全部都會一起爬樹。大家一起行動就不可怕，所以敢挑戰各種事情。

至於挑戰什麼，由具領導特質的幼貓決定。富冒險心且有勇氣的幼貓就是「提議人」，其他的貓就會跟從。

只養1隻的話，貓就會把飼主當作「發起人」，所以飼主做什麼，他也想要參一腳。

上廁所跟，洗澡也跟。找櫃子深處的東西時，也在一旁看著。貓認定飼主是有勇氣的領導人，請回應他們的期待做個優秀的「發起人」。

沒問題

把飼主當作自己兄弟姐妹的「跟屁蟲行動」，常見於只飼養一隻貓的情形。

年輕貓的跟屁蟲個性，就像是找自己的兄弟姐妹一起做什麼一樣。

要不要玩逗貓棒～？
冒險心旺盛且有勇氣的貓哥哥
領導，有點快喵～

飼主不僅要把自己當貓，也要把自己當作貓哥哥，真是超忙！

我家的貓年紀大了，最近虛弱多了

和貓一起生活的歲月很短

出生後1年的貓是完美的成貓。6歲的貓已經是卓越的中年貓。貓的平均壽命在15～16歲。和貓一起生活的歲月有限，而且還是令人意外的短，這點我們必須在一開始就銘記在心。

無論你再怎麼謹慎地做到健康管理，離別的那天總會到來，如果家有老齡貓的飼主，就請先預備好一顆隨時都要送行的心，並且，要好好珍惜能夠相處的時刻。不要在貓不在了才後悔「如果有這麼做就好了」「如果有幫他做就好了」，珍惜能和貓度過的每一天。

如果有一天貓咪不在了，身為主人，當然會傷心難過，甚至無法從悲傷中走出來，不僅傷心且更傷身，但這和當初想要藉由飼養貓咪而共同幸福的初衷有所背離，因此，千萬不要讓自己深陷悲傷而無法自拔啊！

和貓咪一起生活的幸福日子，是飼主最珍貴的回憶，只要緊緊的把這份回憶深藏在心中，那麼，貓咪就能永遠活在深愛牠的飼主心中。

一直
在一起喔

先有總有一天會分別的覺悟很重要，
將一起生活的幸福日子作為珍貴的回憶。

臨終前想陪伴在貓的旁邊，
希望能事先思考那天到來的陪伴方法。

想到要是自己比貓先走，
但現在能為他送終應該是很幸福的事。

注目！
訪問了在社群網站上
超受歡迎的愛貓網紅們

Part 3

從我家的貓可以知道這疾病．那疾病

追蹤人數超過1萬人的愛貓網紅們的愛貓都是什麼樣子的呢？訪問了他們如何從他們的動作了解令人意外的疾病的實例。

摩卡
（母貓 21 歲）

後腳不太會動，走路搖搖晃晃

已經高齡了，肌力也衰退，走路越來越不穩，檢查結果是糖尿病酮酸中毒。（by mai）
Instagram/@maihimemoco

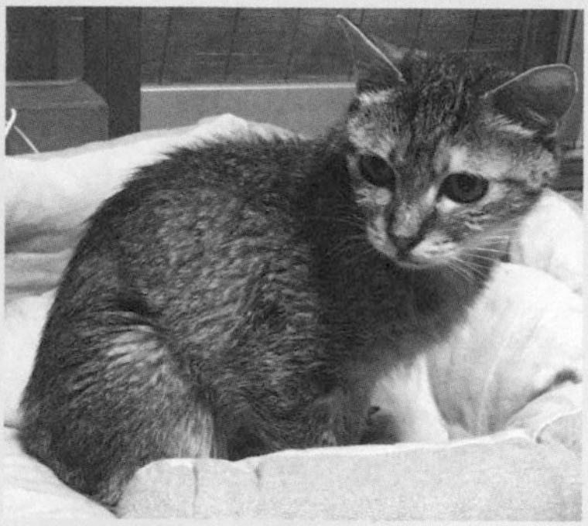

小鈴
（母貓 11 歲）

用手用力搔嘴巴

很難進食的樣子、吃完後會搖晃腦袋、搔嘴巴等動作發現口內炎。（by 晴）
Instagram/@hinatabocco.3

小六
（公貓 4 歲）

尿尿的次數多

和其他的貓比起來，只有小六尿尿的次數多，雖然看起來很有活力的樣子，但還是會擔心，帶去醫院檢查的結果是「腎衰竭」。（by 中川 chisa）
Twitter/Instagram/@ccchisa76

琥珀
（公貓 5 歲）

手抓在廁所邊緣，站著尿尿

琥珀還很小的時候就看過他這動作，一看竟帶有點血。醫生說是貓糧不適合他吃，換了醫生推薦的貓糧後就好了。（by kohachan） Twitter/@KOHAKU_CHACHA

豆助
（公貓 5 歲）

上廁所前像是站在遠方拉長音地喵喵叫

上廁所前像是站在遠方拉長音地喵喵叫，而且是尿血尿。尿尿的次數也是一天將近 10 次那麼多，檢查結果是尿路結石的危險狀態。更換了尿路結石用的食物後，症狀沒了，完全康復了。因為貓的尿管窄，結石的話會很危險，平常就要注意他們的飲食。（by mamesuke） Instagram/@mamesuke_catstagram

小鐵
（公貓 7 歲）

不停地舔肉球

季節交替時，會不停地去舔肉球，走路時會抬起一隻前腳來走，帶去醫院一檢查，發現是指間濕疹造成整個肉球之間都紅通通的。（by miyuki） Instagram/@kotetuchann

ンー